草业良种良法配套手册

（2017）

全国畜牧总站　编

中国农业出版社

图书在版编目（CIP）数据

草业良种良法配套手册．2017/全国畜牧总站编．—北京：中国农业出版社，2017.12
ISBN 978-7-109-23510-6

Ⅰ.①草… Ⅱ.①全… Ⅲ.①牧草—栽培技术—手册 Ⅳ.①S54-62

中国版本图书馆 CIP 数据核字（2017）第 272045 号

中国农业出版社出版
（北京市朝阳区麦子店街 18 号楼）
（邮政编码 100125）
责任编辑　赵　刚

中国农业出版社印刷厂印刷　　新华书店北京发行所发行
2017 年 12 月第 1 版　　2017 年 12 月北京第 1 次印刷

开本：850mm×1168mm 1/32　　印张：5.875
字数：108 千字
定价：48.00 元

（凡本版图书出现印刷、装订错误，请向出版社发行部调换）

编　委　会

主　　任： 贠旭江

副 主 任： 李新一　洪　军

成　　员：（按照姓氏笔画）

石凤翎　田　宏　毕玉芬　刘　洋　刘公社

刘自学　刘国道　刘建秀　刘昭明　齐　晓

李　聪　张　博　张巨明　张瑞珍　张新全

邵麟惠　罗新义　周　禾　周青平　赵桂琴

赵景峰　侯　湃　徐安凯　黄毅斌

主　　编：李新一　洪　军

副 主 编：邵麟惠　齐　晓

编写人员：（按照姓氏笔画）

马　啸　马向丽　王文强　王加亭　王圣乾

王同军　尹晓飞　龙会英　田　宏　朱永群

刘　杰　刘　卓　刘　彬　刘文献　刘昭明

齐　晓　苏爱莲　杜桂林　李庆旭　李鸿祥

吴晓祥　张巨明　张吉宇　张海琴　张瑞珍

张鹤山　陈志宏　邵麟惠　尚以顺　罗　峻

周艳春　郑兴卫　赵　利　赵恩泽　胡翊炜

柳　茜　柳珍英　侯　湃　姜　华　洪　军

耿小丽　特木尔布和　徐　丽　徐国忠

郭海林　黄琳凯　梁小玉　屠德鹏　董永平

谢　悦　虞道耿　薛泽冰

FOREWORD 前言

草业要发展，草种是基础，品种是关键，而只有良种良法配套才能获得高产高效益。近年来，我国草牧业发展迅猛，优质饲草种植面积不断增加。随着农业供给侧结构性改革的深入推进，粮经饲三元结构调整，现代畜牧业发展必将极大促进草牧业的发展。为进一步发挥草业良种的生产潜能，指导优良品种种植，提高良种化率和产量，我们编辑出版了《草业良种良法配套手册》，以期对草业科研、生产和农牧民栽培利用草业良种起到指导和参考作用。

本书首批收录了32个优良草品种，涉及豆科、禾本科、鸭跖草科、满江红科、鸢尾科5科，苜蓿属、三叶草属、爪哇大豆属、硬皮豆属、野豌豆属、柱花草属、鸭茅属、黑麦草属、羊茅黑麦草属、鹅观草属、异燕麦属、碱茅属、结缕草属、隐子草属、锦竹草属、满江红属、庭菖蒲属等17个属。本书以品种申报者提供素材为主要依据，介绍品种特点和栽培技术要点，每个品种选取照片附后，供读者查阅。

本书得到全国草品种审定委员会的大力支持，在编写过程中多位委员提供了指导意见和修改建议，周禾、毕玉芬等委员对文稿进行了严格的审核。在此成书之际，对他们的辛勤劳动表示衷心感谢。由于时间仓促，错误在所难免，敬请读者批评指正。

全国畜牧总站

2017年8月

CONTENTS

目录

1. WL343HQ 紫花苜蓿

WL343HQ 紫花苜蓿（*Medicago sativa* L‘WL343HQ’）是北京正道生态科技有限公司从美国引进的紫花苜蓿品种。WL343HQ 以牧草产量高、品质好、生产持久性长和高抗紫花苜蓿常见病害（细菌性枯萎病、镰刀菌萎蔫病、黄萎病、炭疽病等）为主要选育目标，由多个父母本杂交而成。WL343HQ 是由北京正道生态科技有限公司于 2015 年 8 月 19 日审定登记的引进品种，登记号为 476。该品种具有丰产性和抗病性。多年多点比较试验证明，“WL343HQ”紫花苜蓿平均干草产量 15 000kg/hm^2，最高年份干草产量 18 000kg/hm^2。

一、品种介绍

豆科苜蓿属多年生草本植物，株高 70～120cm。主根粗壮，深入土层，具根瘤，根茎发达。枝叶茂盛，茎直立、四棱形，中空，分枝数约 5～15 个，无毛或微被柔毛。羽状三出复叶，托叶大，卵状披针形。基部全缘或具 1～2 齿裂，脉纹清晰；叶柄比小叶短；小叶长卵形、倒长卵形至线状卵形。花序总状或头状，长 1～2.5cm，具花 5～30 朵。荚果螺旋状，中央无孔或近无孔，直径 5～9mm，被柔毛或渐脱落，脉纹细，不清晰，熟时棕色，有种子 10～20 粒。种子卵形，长 1～2.5mm，种皮平滑，黄色或棕色。千粒重 2.230g 左右。

种子在 5～6℃的温度下发芽，最适发芽温度为 25～30℃。适应性广，喜温暖、半湿润的气候条件，对土壤要求不严，除太黏重的土壤、瘠薄的沙土及过酸或过碱的土壤外都能生长，最适宜在土层深厚疏松且富含钙的壤土中生长。WL343HQ 不宜种植在强酸、强碱土中，喜欢中性或偏碱性的土壤，以 pH 7～8 为宜。土壤 pH 6 以下时根瘤不能形成，pH 5 以下时会因缺钙不能生长。可溶性盐分含量高于 0.3%、氯离子超过 0.03%，幼苗生长受到盐害。

紫花苜蓿是需水较多的植物，水是保证高产、稳产的关键因素之一。紫花苜蓿喜水，但不耐涝，特别是生长中最忌积水，连续淹水 3d 以上将引起根部腐烂而大量死亡，种植苜蓿的地块一般地下水位不应高于 1m，所以种植苜蓿的土地必须排水通畅，土地平坦。

二、适宜区域

WL343HQ 秋眠级为 4 级，抗寒指数为 1，具有较强的抗寒能力。适应范围较广，主要在我国北方地区种植，内蒙古，华北、西北和东北地区均有种植，每年可刈割 3～5 次，再生速度快，耐频繁刈割，干草产量为 15 000～18 000 kg/hm^2。

三、栽培技术

（一）选地

适应性较强，对土壤要求不严格，农田、沙地和荒坡地均可栽培；大面积种植时应选择较开阔平整的地块，以便机械作业。

（二）土地整理

WL343HQ 种子细小，播种前需要深耕精细整地。播种前要对土地进行深翻，翻耕深度不低于 20cm，如果是初次种植的地块，翻耕深度应不低于 30cm。翻耕后对土壤进行耙磨，使地块尽量平整。播前进行镇压，将土壤镇压紧实，以利于后期的出苗。在地下水位高或者降雨量多的地区要注意做好排水系统，防止后期发生积水烂根。

（三）播种技术

1. 播种期

播种期可根据当地气候条件和前作收获期而定，因地制宜。北方各省区可春播、夏播或者秋播。春播多在春季墒情较好、风沙危害不大的地区进行，内蒙古地区也有顶凌播种。夏播常在春季土壤干旱、晚霜较迟或者春季风沙过多的地区进行。西北、东北和内蒙古一般是4—7月播种，最迟不晚于8月，河北南部3—4月播种，最迟可延至9月中旬，河北北部在8月以前播种，否则影响越冬。新疆春、秋皆可播种，秋播时南疆不迟于10月上旬，北疆不迟于9月中旬。

2. 播种量

WL343HQ的商品种子多是包衣种子，播种前不需要进行种子处理。单播时，播种量为22.5～30.0kg/hm^2。和其他牧草混播时可根据利用方式和利用年限进行合理的配比。

3. 播种方式

播种方式主要有条播、撒播和穴播。条播更有利于大面积的田间管理和收获晾晒。若利用方式为调制干草，其播种行距为12～20cm，播量为22.5～30.0kg/hm^2。

WL343HQ紫花苜蓿种子小，顶土能力差，播种过深影响出苗。播种深度根据土壤类型而有所调整，中等和黏质土壤中的播种深度为6～12mm，砂质土壤的播种深度为12～24mm。土壤水分状况好时可减少播种深度，土壤干旱时应加大播种深度，一般播深为1～2cm。

（四）水肥管理

紫花苜蓿种植时建议先测量土壤养分，根据土壤养分状况确定合理的肥料比例和用量，一般建议施用 450kg/hm^2 复合肥做底肥，每次刈割后都应追施少量过磷酸钙或磷二铵 10～20kg/hm^2，以促进再生。越冬前施入少量的钾肥和硫肥，以提高次年的越冬率。

种植地区的年降水量以 600～800mm 为宜，超过 1 000mm 则不利于后期的收获和晾晒，而且容易积水导致苜蓿生长不良或根系腐烂。WL343HQ 紫花苜蓿有强大的根系，入土很深，能从土壤深层吸收水分，因此具有较强的耐旱性。但在北方地区的生产中若要获得较高的牧草产量，应及时进行灌溉。

（五）病虫杂草防控

常见病害主要有锈病、褐斑病和根腐病，在干燥的灌溉区发病严重，发病初期可通过喷施15%粉锈宁（$C_{14}H_{16}ClN_3O_2$）1 000 倍液或 65%代森锰锌（$[C_4H_6MnN_2S_4]_xZn_y$，x：y=1：0.091）400～600 倍液进行预防。病害的发生受多种因素的影响，种植过程中须制定合理的栽培措施，做到及时预防才能有效减少病害的发生与危害，实现牧草生产的高产、优质和高效。

虫害主要有蓟马、叶象、蚜虫、芫菁等，可用提前收割，将卵、幼虫随收割的茎叶一起带走，也可以通过喷洒药剂进行化学防治，要注意施药时间和收割时间的间隔，避免农药残留对家畜造成危害。

杂草在建植阶段通过与苜蓿幼苗竞争并影响幼苗生长，造成紫花苜蓿减产。有效的杂草防除工作应从播种前开始并始终贯穿草地的整个生产过程。彻底的耕翻作业可以将一年生杂草连根清除并控制已生长的多年生杂草。控制多年生杂草的除草剂应在春季或者秋季施用。

四、生产利用

WL343HQ紫花苜蓿是优质的豆科牧草，茎秆纤细，叶片含量高，叶茎比为0.8～0.9。具有较高的牧草品质，现蕾期至初花期牧草品质较好。

在我国北方地区一般进行人工草地建植，刈割时间为现蕾期至初花期，如果推迟刈割则会导致品质迅速下降。每年可刈割3～5次，留茬高度应在5～10cm。末次刈割时间应在重霜来临前40d刈割，给地上部分留够充足的时间向根部储存营养，否则不利于植株越冬。也可与禾本科牧草如多年生黑麦草、无芒雀麦、冰草等混播建植多年生人工草地，1～2年内即可形成优质人工草场。

可青饲、青贮或调制干草。WL343HQ在我国北方地区主要用于干草晾晒，制作成草捆进行贮藏和运输。打捆时应注意控制水分含量以减少发霉，小捆的含水量应＜20％，中捆的含水量＜16％，大捆的含水量＜14％。

鲜喂时应注意不要让空腹的家畜直接进入嫩绿的草地，放牧前宜饲喂一些干草或者青贮料，以防止臌胀病的发生。

WL343HQ 紫花苜蓿主要营养成分表（以干物质计）

收获期	CP（％）	NDF（％）	ADF（％）	CA（％）	Ca（％）	P（％）	RFV
初花期	19.0	42.9	35.4	9.3	1.57	0.27	168

注：农业部全国草业产品质量监督检验测试中心测定结果。

CP：粗蛋白质，NDF：中性洗涤纤维，ADF：酸性洗涤纤维，CA：粗灰分，Ca：钙，P：磷，RFV：相对饲喂价值。

WL343HQ 紫花苜蓿根

WL343HQ 紫花苜蓿叶片

WL343HQ 紫花苜蓿花

WL343HQ 紫花苜蓿群体

2. 草原 4 号紫花苜蓿

草原 4 号紫花苜蓿（*Medicago sativa* L. ‘Caoyuan No. 4’）是对 400 余份紫花苜蓿原始材料进行抗虫性鉴定，选择优良无性系，并结合抗虫性和配合力测定组配基础群体，通过 3 次轮回选择育成的抗蓟马紫花苜蓿新品种。于 2015 年 8 月 19 日审定登记，登记号为 477。该品种抗虫性较强（危害点系数为 0.26，虫情指数为 0.33）、抗旱、抗寒、耐瘠薄。多年区域试验结果表明，在苜蓿蓟马危害严重的地区，平均干草产量达 12 000～16 000kg/hm^2，种子产量达 230.90kg/hm^2。粗蛋白质含量在 19%左右。

一、品种介绍

植株直立，株高在 50～85cm。根系发达，主侧根明显、具有水平生长的根及根蘖，根茎直径为 1.2～2.5cm，根茎膨大，其上密生许多幼芽。茎直立或斜生、茎表面有腺体，与柔毛相间分布，腺体密度高达 66 个/mm^2，腺体顶端膨大，长约 84.9μm，宽约 20μm，略有毛，茎粗 0.4～1.2cm，多为深绿色，少有棕紫色，分枝多。叶为三出复叶，少有四出复叶，椭圆形，中叶较大、长椭圆形，叶表面柔毛粗硬、柔毛密度约 68 个/mm^2，柔毛长 542～628.6μm，粗 14.4～18.6μm，叶表面柔毛与叶片间角度约 30～60°，交叉分布。花为总状花序，花序长 1.8～5.0cm，每个花序有20～35 个小花，花冠为紫色或深紫色。荚果多为螺旋形，2～3 回，少数为镰刀形，表面光滑,有脉纹,每荚含种子2～9粒。种子肾形或椭圆形，黄褐色，陈旧种子深褐色，千粒重 1.86～2.35g。

草原 4 号紫花苜蓿抗旱、抗寒、耐瘠薄、抗虫。尤其是抗蓟马性能突出，蓟马危害点系数为 0.26，虫情指数为 0.33（虫情指数低于 0.5 的品种为抗虫品种）。春播 6～8d 出苗，14d 齐苗，32d 左右进入分枝期，54d 进入现蕾期，72d 开始开花，112d 种子成熟。第二年 4 月初返青，返青到分枝期约 25d，分枝到现蕾期约 24d，现蕾期到开花约 20d，开花期到种子成熟约 43d。其生育期为 112d。返青后，通过每隔 10d 测量其绝对株高，得知其生长曲线符合方程 $y=ax^2+bx+c$，方程中 y 为绝对植株高度（cm），x 为返青后的生长天数（天）。该品种在刈割前的生长期内均有 20 多天的快速生长期，6 月底 7 月初进入生长速度最快时期。

二、适宜区域

适宜在我国紫花苜蓿蓟马危害严重的各省区种植。

三、栽培技术

（一）选地

选择地势平坦或稍有起伏、便于机械或人工作业的地块，要求其土层深厚，有机质含量高，土壤肥沃，应有较丰富的水源且水质优良，能满足灌溉需要。旱作人工草地，要求在地下水位较高，或天然降水较为充沛的地区。种植地应无沙化危险，切忌在风口处种植，以免引起风蚀沙化。距离居民点及冬春营地要近，便于运输和管理。一般应有保护措施。

（二）土地整地

种子细小，需要深耕精细整地。播种前清除地面残茬、杂草、杂物，耕翻、平整土地；杂草严重时可采用除草剂处理后再翻耕。在土壤黏重、降雨较多的地区要开挖排水沟。土壤酸度较大时，可通过施石灰调整土壤 pH 值，以利于根瘤形成。作为刈割草地利用时，在翻耕前每公顷施基肥（农家肥、厩肥）30 000～45 000kg，后翻入土壤。

（三）播种技术

对土壤的要求不严格，适合于沙壤土地栽培，可单播或与禾本科牧草混播（如无芒雀麦），播种期在早春到夏季均可。干旱地区在当地雨季来临之际播种为宜。播种量为每公顷 15.0～22.5kg 或稍多。条播行距 30cm，种子田可适当减少播量和加大行距，约 40～60cm，播种深度为 2～3cm，播后及时镇压。

（四）水肥管理

该品种喜水，旱季可进行灌溉。但忌积水，积水会导致烂根，造成植株大批死亡。因此，灌溉调控技术尤为重要。苜蓿生长需要消耗大量的水分，每生产 1 000g 干苜蓿需水 800g，需要土壤含水量为 60%～90%。各生育期需水量分别为：子叶出土至茎秆形成期，田间持水量保持 80%为宜；茎秆形成至初花期为 70%～80%；开花至种子成熟期为 50%左右；越冬期为 40%。草原 4 号紫花苜蓿茎叶繁茂，蒸腾面积大，需水量多于一般作物。一般每亩年灌溉量约为 $250m^3$，一次灌溉水量 $80m^3$ 左右，当苜蓿灌水量为土壤持水量的 50%～60%时，生长最为适宜。

种植前必须取土壤样品检测土壤的有机质、pH 值以及各种养分含量，检测结果是苜蓿推荐施肥的重要依据。

生长期观察：当土壤养分供应不足，苜蓿生长期间会观察到植株外观所表现的缺素症状。一旦缺素症状表现出来，缺素问题将影响牧草产量。

（五）病虫杂草防治

播种之前须精细整地和利用芦茅枯（$C_{16}H_{13}ClF_3NO_4$）消灭杂草，苗期除草1～2次。如果秋翻地则效果更好。

四、生产利用

该品种的各种氨基酸含量齐全、消化率高、适口性好、粗蛋白质含量高达19%，高于一级标准（粗蛋白质含量≥18%）。在蓟马危害严重地区其产量和品质比其他紫花苜蓿品种更具有优势。刈草利用可在现蕾期至初花期。收种用可在下部荚果变黑色、中部变褐色、上部变黄色时收获。收获要及时，以保证种子的产量和品质。割后冬灌有利于翌年的返青和生长发育。

在刈割时，土壤1cm的表层土已经干燥。留茬高度应控制在7.6～10cm范围内。在收割晾晒一天后，上层草含水量达到30%左右时，可利用晚间或早晨的时间，进行一次翻晒和并垄。

在晴天晾晒2d后，待苜蓿含水量降到22%以下时，即可进行田间打捆。利用晚间或早晨空气湿度比较高时进行打捆，以减少苜蓿叶片的损失及破碎。码堆时，草捆之间要留有通风口，以便草捆能迅速散发水分。

在呼和浩特地区，草原4号紫花苜蓿每年可刈割3茬。

以生长第3年的草地为例，第1茬干草产量约10 318kg/hm^2，占全年产草量的50%；第2茬干草产量约4 540kg/hm^2，占20%～25%；第3茬干草产量约3 095kg/hm^2，占15%。干草平均年产量可达12 000～16 000kg/hm^2，种子平均年产量约230kg/hm^2。

草原4号紫花苜蓿主要营养成分表（以干物质计）

收获期	CP (%)	EE (g/kg)	CF (%)	NDF (%)	ADF (%)	CA (%)	Ca (%)	P (%)
初花期	19.0	19.0	24.6	45.1	29.4	10.5	2.20	0.18

注：农业部全国草业产品质量监督检验测试中心测定结果。

CP：粗蛋白，EE：粗脂肪，CF：粗纤维，NDF：中性洗涤纤维，ADF：酸性洗涤纤维，CA：粗灰分，Ca：钙，P：磷。

草原4号紫花苜蓿单株

草原4号紫花苜蓿根

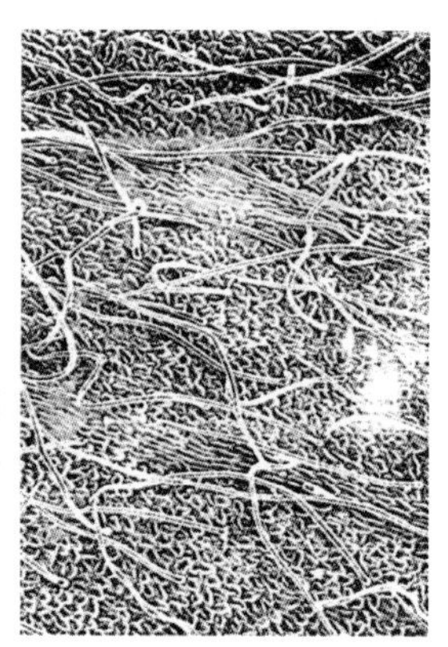

草原4号紫花苜蓿未展叶下表面茸毛（80倍）

草原 4 号紫花苜蓿茎

草原 4 号紫花苜蓿叶片

草原 4 号紫花苜蓿花

草原 4 号紫花苜蓿荚果

3. 凉苜1号紫花苜蓿

凉苜1号紫花苜蓿（*Medicago sativa* L. ‘Liangmu No. 1’）是以WL525HQ、WL414HQ等紫花苜蓿品种为原始材料，从中选择株形直立、茎粗壮、枝条叶片整齐，无病害的单株和类型，采用混合选择法选育而成的育成品种。由凉山彝族自治州畜牧兽医科学研究所和凉山丰达农业开发有限公司于2016年7月21日登记，登记号为505。该品种具有丰产性。多年多点比较试验中，平均干草产量27 053 kg/hm^2，最高年份干草产量34 788kg/hm^2。

一、品种介绍

为多年生草本，主根明显，根系发达，主根入土深度可达1m，侧根和须根主要分布于30～40cm深的土层中。根颈处着生显露的茎芽，生长出20～50余条新枝。主茎直立，略呈方形，株高约70～98cm，多小分枝。叶为羽状三出复叶，小叶长圆形或卵圆形，中叶略大。总状花序，蝶形小花簇生于主茎和分枝顶部，每花序有小花17～

46朵。果实为2～4回的螺旋形荚果，每荚内含种子2～6粒。种子肾形，黄色或淡黄褐色，表面具光泽，千粒重2.38g。

种子在5～6℃的温度下发芽，最适发芽温度为25～30℃。成年植株喜温暖、半干燥、半湿润气候，在夏季不太热、冬季又不太寒冷的地区最适生长。最适生长温度为日平均15～21℃，幼苗和成株能耐受－6～7℃的低温，气温超过35℃时生长受阻，生长期内最忌积水，连续积水24～48h会造成大量植株死亡。在我国西南地区海拔1 000～2 000m、降水量1 000mm左右的亚热带生态区种植生长良好。对土壤要求不严，喜排水良好、土质肥沃的壤土和沙壤土，土壤适宜pH为5.5～8.0。

在海拔1 500m左右地区春、秋播均可，为了避免杂草的侵害以秋播为宜。9月下旬播种，10月下旬进入分枝期，次年3月中旬进入现蕾期，4月上旬进入盛花期，4月中旬进入结荚期，5月中旬进入成熟期，从出苗到种子成熟生长天数为230d，分枝期到种子成熟生长天数为200d。从第二年起冬季刈割进入留种期，分枝期到种子成熟生长天数为126d。

冬季不停止生长，日平均生长速度为1.16cm。初花期叶茎比为1.20∶1，鲜干比为4.55∶1，年产干草21 350～24 930kg/hm^2，冬季不枯黄仅生长变缓，全年各生长期均可现蕾开花，年可刈割利用6～8次。秋眠级为8.4。

二、适宜区域

适宜于我国西南地区海拔1 000～2 000m、降水量1 000mm左右的亚热带生态区种植。

三、栽培技术

（一）选地

适应性较强，对土壤要求不严，除重黏土、低湿地、强酸、强碱地外，均能生长。生长期内最忌积水，连续积水24～48h会造成大量植株死亡，因此应选择具有排、灌水条件的地块作为种植地。大面积种植时应选择较开阔平整的地块，以便机械作业。进行种子生产的要选择光照充足、利于花粉传播的地块。

（二）土地整理

整地要求精细，要做到深耕细耙，上松下实，以利出苗。在土地翻耕前半月选择晴朗天气喷施符合国家规定的除草剂，喷施一周后待杂草枯黄死亡后施入颗粒杀虫剂和有机肥15 000～30 000kg/hm^2、过磷酸钙300～400kg/hm^{2}的底肥，然后进行翻耕。翻耕后做到土块细碎，地面平整，无杂草异物，保持墒情好。

（三）播种技术

1. 种子处理

在初次种植紫花苜蓿的地块，播种前要用根瘤菌剂拌种。接种后应及时播种，防止太阳曝晒。在病虫多发地区，为防治地下害虫，可用杀虫剂拌种。为防治病害，可根据具体病害类型用杀菌剂拌种，但已接种根瘤菌的种子不能再进行药剂拌种。

2. 播种期

在南方温带、亚热带地区，适宜秋季播种，尤其以9月、10月份为佳。在南方高山冷凉地区，以春季4～5月份播种为宜。土壤有积水时不能播种。

3. 播种量

播种量根据播种方式和利用目的而定。单播时，以刈割为利用目的，条播播种量为18～22.5kg/hm^2，撒播则播种量适当增加30%～50%。以收获种子为目的的，条播播种量为7.5～15.0kg/hm^2。

4. 播种方式

可采用条播或撒播。条播时，以割草为主要利用方式的，行距20～25cm。人工撒播时可用小型手摇播种机播种，也可将种子与细沙混合均匀，直接用手撒播。以收种子为目的时，条播采用行距为80～100cm，穴播采用行距为80～100cm，株距为60～80cm，定苗至每穴1～2株。条播覆土厚度以 0.5～1.0cm 为宜，撒播可轻耙地面或进行镇压以代替覆土措施，使种子与土壤紧密接触。

（四）水肥管理

幼苗 3～4 片真叶时要根据苗情及时追施苗肥，施尿素 75kg/hm²，可撒施、条施或叶面喷施。以割草为目的紫花苜蓿草地，每次刈割后追施尿素 90～150kg/hm²，撒施或条施。以收种子为目的紫花苜蓿草地，可在蕾期、蕾期＋花期、蕾前期＋蕾期＋花期喷施 0.3％硼肥。

在年降水量 600mm 以上地区基本不用灌溉。但在降水量较少的地区以及旱季，适当灌溉可提高生物产量，灌溉主要在分枝期进行。在多雨季节，要及时排水，防治涝害发生。

（五）病虫杂草防控

主要病害有根腐病、褐斑病和锈病，应特别注意防治。若发现有病虫害出现且紫花苜蓿有一定高度时可提前刈割，阻止其蔓延，也可采用综合防治措施进行防治，药物防治应采用符合国家规定的药物。

虫害主要有蚜虫、苜蓿夜蛾和苜蓿蓟马等，可用低毒、低残留药剂进行喷洒。

苗期生长缓慢，易受杂草危害，要及时清除杂草。可通过人工或化学方法清除杂草。除草剂可选用苜草净（2-［4，5-二氢-4-甲基-4-（1-甲基乙基）-5-氧代-1H-咪唑-2-基］-5-

乙基-3-吡啶羧酸）等药剂，对于一年生杂草，也可通过及时刈割进行防除。

四、生产利用

该品种是优质的豆科牧草，初花期叶占 54.60%，茎占 45.40%，茎叶比为 1∶1.20，叶量高于茎量。

作为割草地利用，刈割在现蕾或初花期进行，留茬高3～5cm，可获得最佳营养价值。在海拔 1 500m 左右地区越冬不枯黄仅生长变缓，全年各生长期均可现蕾开花，年可刈割利用 6～8 次。在海拔 2 000～2 500m 地区每年可刈割 4 次。

可青饲、青贮或调制干草。在南方地区的夏季，主要作为鲜草利用或青贮储藏。饲喂时要控制牛、羊饲喂量，以免引起臌胀病。猪、鸡、鸭、鹅可直接采食或与精饲料混合饲喂。青贮时要在刈割后将鲜草晾晒，使其含水量在 55%左右再进行青贮，添加乳酸菌或与禾本科牧草、全株玉米混贮，有助于青贮成功。在南方地区的旱季，也可调制成干草储藏。

凉苜 1 号紫花苜蓿主要营养成分表（以干物质计）

收获期	CP (%)	EE (g/kg)	CF (%)	NDF (%)	ADF (%)	CA (%)	Ca (%)	P (%)
初花期	17.0	25.0	24.3	39.3	27.9	9.1	1.29	0.16

注：数据由农业部全国草业产品质量监督检验测试中心提供。

CP：粗蛋白，EE：粗脂肪，CF：粗纤维，NDF：中性洗涤纤维，ADF：酸性洗涤纤维，CA：粗灰分，Ca：钙，P：磷。

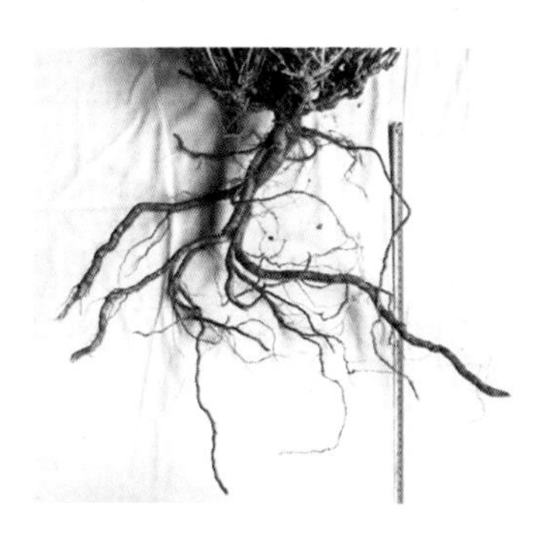

凉苜 1 号紫花苜蓿根

凉苜 1 号紫花苜蓿叶片

凉苜 1 号紫花苜蓿花

凉苜 1 号紫花苜蓿荚果

4. 鄂牧5号红三叶

鄂牧5号红三叶(*Trifolium pratense* L.'Emu No.5')是以地方品种巴东红三叶为原始材料，采用自然选择和人工选择相结合的方法，经过单株选择，株系鉴定，多元杂交等手段选育而成的品种。由湖北省农业科学院畜牧兽医研究所于2015年8月19日登记，登记号478。该品种具有较显著的丰产性。多年多点比较试验证明，鄂牧5号红三叶平均干草产量8 511kg/hm^2，最高年份干草产量13 800kg/hm^2。

一、品种介绍

豆科三叶草属短期多年生植物，主根直立，侧根发达，具根瘤，根深30～50cm；茎直立，少斜生，圆形，中空，分枝数11～18个，株高90～102cm。茎叶有茸毛。掌状三出复叶，叶面具灰白色“V”形斑纹；小叶长椭圆形，中间叶片长4.5～6.5cm，宽2.8～3.8cm。异花授粉，头状花序腋生小花梗上，含小花95～150朵；花瓣蝶形，紫红色；荚果倒卵形，含1粒种子；种子肾形，黄褐色或紫色，千粒重 1.612g。

种子耐受最低发芽温度为 5℃，适宜发芽温度 15～20℃。成年植株喜温暖湿润气候，在夏季不太热、冬季又不太寒冷的地区最适宜生长。最适生长温度 15～25℃，幼苗和成株能耐受－5℃的霜冻。不耐热，气温超过 35℃时生长受阻，持续高温且昼夜温差小的条件下，往往会造成大面积死亡。在长江流域，海拔 800～1 600m 的山区生长良好；海拔 800m 以下的丘陵平原地区越夏困难，部分植株死亡。鄂牧 5 号红三叶对土壤要求不严，喜排水良好、土质肥沃的黏壤土和壤土，土壤适宜 pH 为 5.5～7.5。

在淮河以南地区适宜秋季 9 月下旬播种，翌年 4 月底现蕾，5 月初开花，6 月下旬至 7 月初种子成熟，生育期240～250d；在淮河以北地区春播宜 3～4 月份播种，9 月份种子成熟，生育期 150～180d。

二、适宜区域

适宜范围广，全国各地均可栽培，但适宜生长的年平均温度范围为 4～15℃。年均温幅度在 0～4℃或 15～20℃为次适宜温度。但在年降水量为 800～1 400mm、无霜期 150～220d 的地区生长最为良好。我国长江流域、云贵高原、西南地区是其适宜生长区域；黄淮地区及我国北部地区也可栽培利用。

三、栽培技术

（一）选地

该品种适应性较强，对生产地要求不严，农田和荒坡地均可栽培；大面积种植时应选择较开阔平整的地块，以便机械作业。进行种子生产的要选择光照充足、利于花粉传播的地块。

（二）土地整理

种子细小，需要深耕精细整地。播种前清除生产地残茬、杂草、杂物，耕翻、平整土地；杂草严重时可采用除草剂处理后再翻耕。在土壤黏重、降雨较多的地区要开挖排水沟，土壤酸度较大时，要通过施石灰调整土壤 pH 值，以利于根瘤形成。作为刈割草地利用时，在翻耕前每公顷施基肥（农家肥、厩肥）15 000～30 000kg，过磷酸钙 600 ～750kg。

（三）播种技术

1. 种子处理

在初次种植红三叶的地块，播种前要用根瘤菌剂拌种。接种后应及时播种，防止太阳曝晒。在病虫多发地区，为防治地下害虫，可用杀虫剂拌种；防治病害，可根据具体病害类型用杀菌剂拌种，但接种了根瘤菌的种子不能再进行药剂拌种。

2. 播种期

理论上一年四季均可播种，但为提高生产效益、促进栽培成功，应选择适宜生长季节进行播种。在南方温带、亚热带地区，适宜秋季播种，尤其以 9 月、10 月份为佳。在南方高山冷凉及我国东北、西北地区，以春季 4—5 月播种为宜。除气温因素以外，土壤有积水时亦不能播种。

3. 播种量

根据播种方式和利用目的而定。单播时，以刈割为利用目的，若条播，播量为 7.5～10.5kg/hm^2，若撒播，播种量适当增加 30%～50%；以收获种子为目的，条播时，播种量为 6.0～9.0kg/hm^2，撒播时播种量适当增加。与多年生黑麦草或鸭茅混播，若以放牧利用，则种子混播比例以 1（红三叶）：4（黑麦草或鸭茅）为宜，红三叶播种量为其单播时的 25%～30%；若以割草地利用，则混播比例定为 1：1，红三叶播种量为其单播时的 60%～70%。

4. 播种方式

可采用条播或撒播，生产中以撒播为主。条播时，以割草为主要利用方式的，行距 20～25cm，以收种子为目的时，行距为 40～50cm；覆土厚度以 0.5～1.0cm 为宜。人工撒播时可用小型手摇播种机播种，也可将种子与细沙混合均匀，直接用手撒播。撒播后可轻耙地面或进行镇压以代替覆土措施，使种子与土壤紧密接触。

（四）水肥管理

在幼苗 3～4 片真叶时要根据苗情及时追施苗肥，使用尿素或复合肥，施量 75kg/hm^2，可撒施、条施或叶面喷施。以割草为目的的红三叶草地，每次刈割后追施肥料，以过磷酸钙为主，施量为 150～300kg/hm^2，可以撒施、条施。在混播草地中，禾本科牧草长势较弱而红三叶生长过旺时追施氮肥；红三叶生长不良，而禾本科牧草生长正常时则追施磷肥。

在年降水量 600mm 以上地区基本不用灌溉，但在降水量少的地区适当灌溉可提高生物产量，灌溉主要在分枝期进行。在南方夏季炎热季节，有时会出现阶段性干旱，在早晨或傍晚进行灌溉，有利于再生草生长和提高植株越夏率。同样，在多雨季节，要及时排水，防治涝害发生。

（五）病虫杂草防控

种植早期无病害发生，但在种植 2 年以后，多见菌核病和根腐病。菌核病多在早春雨后潮湿时发生，可侵染幼株和成株，菌核病可用 1∶50 的青矾水浇灌或喷洒 50％多菌灵可湿性粉剂 1 000 倍溶液；根腐病喷施 50％的甲基托布津溶液；锈病可用波尔多液、石硫合剂喷洒防治；黑斑病可采取及时而频繁的刈割来避免。

虫害主要有根瘤象甲、蚜虫、叶蝉等，可用低毒、低残留药剂进行喷洒；地下害虫蛴螬对根具有危害，可用饵料进行诱杀。

苗期生长缓慢，要及时清除杂草。混播草地及时清除有毒有害杂草；单播草地可通过人工或化学方法清除杂草。除草剂要选用选择性清除单子叶植物的一类药剂。对于一年生杂草，也可通过及时刈割进行防除。

四、生产利用

该品种是优质的豆科牧草，在现蕾、开花期以前，叶多茎少，现蕾期茎叶比 1∶1，始花期为 0.65∶1，盛花期为 0.46∶1。

适宜作割草地利用，第一茬刈割在现蕾或初花期进行，可获得最佳营养价值，留茬高 3～5cm，每年可刈割 2～4 次。在亚热带平原及低海拔丘陵地区，6 月前应停止割草，以利安全越夏；在北方寒冷地区，在 10 月份之前停止刈割，以利越冬。也可与禾本科牧草如多年生黑麦草、鸭茅、苇状羊茅等混播建植多年生人工草地，1～2 年内即可形成优质人工草场。

可青饲、青贮或调制干草。在南方多雨地区，主要作为鲜草利用或青贮储藏，饲喂时要控制牛、羊饲喂量，以免引起臌胀病；猪、鸡、鸭、鹅可直接采食或与精饲料混合饲喂。青贮时要在刈割后将鲜草晾晒，使其含水量在55%左右再进行青贮。青贮时添加乳酸菌或酸化剂，有助于青贮成功。在北方干燥地区多调制成干草储藏。

鄂牧5号红三叶主要营养成分表（以干物质计）

收获期	CP (%)	EE (g/kg)	CF (%)	NDF (%)	ADF (%)	CA (%)	Ca (%)	P (%)
初花期[a]	17.9	21.0	24.6	37.7	27.7	10.2	1.46	0.21
初花期[a]	18.3	18.1	19.1	29.7	22.8	9.2	1.54	0.20
分枝期[b]	22.8	34.0	/	40.7	34.4	9.0	/	/
初花期[b]	17.0	28.0	/	37.0	29.7	8.0	/	/
盛花期[b]	14.6	24.0		54.0	42.1	7.7	/	

注：a为农业部全国草业产品质量监督检验测试中心连续2年测定结果；b为湖北省农业科学院农业测试中心测定结果。

CP：粗蛋白，EE：粗脂肪，CF：粗纤维，NDF：中性洗涤纤维，ADF：酸性洗涤纤维，CA：粗灰分，Ca：钙，P：磷。

鄂牧5号红三叶根

鄂牧5号红三叶茎

鄂牧5号红三叶叶片

鄂牧 5 号红三叶花

鄂牧 5 号红三叶荚果

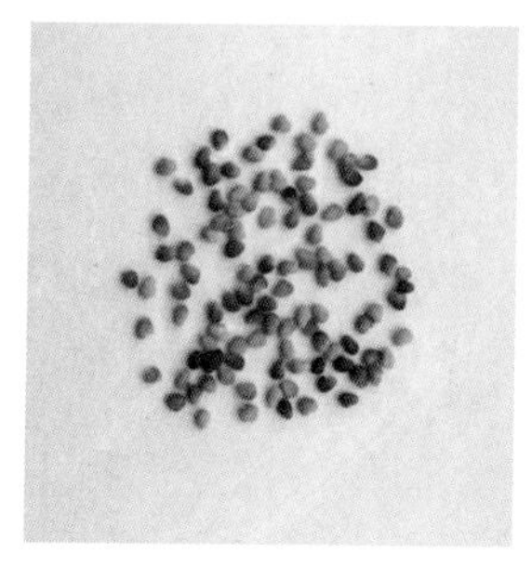

鄂牧 5 号红三叶种子

鄂牧 5 号红三叶群体

5. 希瑞斯红三叶

希瑞斯红三叶（*Trifolium pratense* L. ‘Suez’）是20世纪90年代末在丹农捷克育种中心育成的二倍体中熟品种，株型中等偏高、建植和再生快、可多次刈割的类型。该品种为经过多轮选择的群体品种，具有高产、耐寒和抗病等特点，2001年后在欧洲10多个国家注册并被列为推荐品种。适合混播利用，割草或放牧均可。于2005年由贵州省畜牧兽医研究所引入国内，并于2016年7月21日登记，登记号504。具有丰产性，多年多点比较试验表明，平均干草产量8 726kg/hm^2，最高年份干草产量23 280kg/hm^2。

一、品种介绍

豆科三叶草属中短寿命多年生植物，一般利用两年。主根直立，侧根发达，具根瘤；茎直立，少斜生，圆形，中空，分枝数16～22个，株高80～110cm。茎叶有茸毛。掌状三出复叶，叶面具灰白色“V”形斑纹。异花授粉，头型总状花序，含小花20～100朵，花瓣蝶形，红色或淡紫色。

荚果倒卵形，含 1 粒种子。种子肾形，棕黄色或黑色，千粒重 1.4～1.6g。体细胞染色体组：二倍体。

喜温凉湿润气候，较耐寒，耐湿，耐荫，适应中性到微酸性土壤（pH 6～7），施磷肥可明显增产。在淮河以南地区，适宜在海拔 800m 以上、降水量 1 000～2 000mm 或夏季持续干旱短于 3 周的温和湿润地区种植。北方湿润温和气候地区也可做牧草或景观地被植物。

在淮河以南地区，9 月下旬播种，翌年 4 月底现蕾，5 月初开花，6 月下旬至 7 月初种子成熟，生育期 270～280d。北方春播更适宜，生育期 150～170d。

二、适宜区域

适宜范围较广，南北方温和湿润气候区均可栽培。南方适宜海拔 800m 以上，降雨量 1 000～2 000mm，夏季连续干旱不超过 3 周的温和湿润山区。

三、栽培技术

（一）选地

该品种适应性较强，对生产地要求不严，农田和荒坡地均可栽培。大面积种植时应选择较开阔平整的地块，以便机械作业。

（二）土地整理

种子细小，需要深耕精细整地。播种前清除地面上残茬、杂草、杂物，耕翻、平整土地。杂草严重时可采用除草剂处理后再翻耕。在土壤黏重、降雨较多的地区要开挖排水沟。土壤酸度较大时，可通过施石灰调整土壤 pH 值，以利于根瘤形成。作为刈割草地利用时，在翻耕前施基肥（农家肥、厩肥）15 000～30 000kg/hm^2，过磷酸钙 600～750kg/hm^2。

（三）播种技术

1. 种子处理

在初次种植红三叶的地块，播种前要用根瘤菌剂拌种。接种后应及时播种，防止太阳曝晒。在病虫多发地区，为防治地下害虫，可用杀虫剂拌种。为防治病害，可根据具体病害类型用杀菌剂拌种，但已接种根瘤菌的种子不能再进行药剂拌种。

2. 播种期

在南方温带、亚热带地区，适宜秋季播种，尤其以 9—10 月为佳。在南方高山冷凉及北方地区，以春季 4—5 月播种为宜。土壤有积水时不能播种。

3. 播种量

根据播种方式和利用目的而定。单播时，以刈割为利用目的，撒播播种量为 12～15 kg/hm^2。与多年生黑麦草、苇状羊茅或鸭茅混播建立放牧地时，播种量为其单播时的1/3左右；若以割草地利用时，则播种量为其单播时的1/2～2/3。

4. 播种方式

可采用条播或撒播，生产中以撒播为主。条播时，以割草为主要利用方式的，行距20～25cm，覆土厚度以0.5～1.0cm为宜。人工撒播时可用小型手摇播种机播种，也可将种子与细沙混合均匀，直接用手撒播。撒播后可轻耙地面或进行镇压以代替覆土措施，使种子与土壤紧密接触。

（四）水肥管理

在幼苗3～4片真叶时要根据苗情及时追施苗肥。以割草为目的的红三叶草地，每次刈割后追施肥料，以磷钾肥为主。在混播草地中，禾本科牧草长势较弱而红三叶生长过旺时可追施氮肥；红三叶生长不良，而禾本科牧草生长正常时则追施磷钾肥。

在年降水量600mm以上地区基本不用灌溉，但在降水量少的地区适当灌溉可提高生物产量，灌溉主要在分枝期进行。在南方夏季炎热季节，有时会出现阶段性干旱，在早晨或傍晚进行灌溉，有利于再生草生长和提高植株越夏率。同样，在多雨季节，要及时排水，防治涝害发生。

（五）病虫杂草防控

种植早期无病害发生，但在种植后期，多见菌核病和根腐病。菌核病多在早春雨后潮湿时发生，可侵染幼株和成株，可用1∶50的青矾（$FeSO_4 \cdot 7H_2O$）水浇灌或喷洒50%多菌灵（$C_9H_9N_3O_2$）可湿性粉剂1 000倍溶液；根腐病喷施50%的甲基托布津（$C_{12}H_{14}N_4O_4S_2$）溶液；锈病可用波尔多液[$CuSO_4 \cdot xCu(OH)_2 \cdot yCa(OH)_2 \cdot zH_2O$]、石硫合剂（$CaS_5$）喷洒防治；黑斑病可采取及时而频繁的刈割来避免。

虫害主要有根瘤象甲、蚜虫、叶蝉等，可用低毒、低残留药剂进行喷洒；地下害虫蛴螬对根具有危害，可用饵料进行诱杀。

苗期生长缓慢，要及时清除杂草。混播草地及时清除有毒有害杂草，单播草地可通过人工或化学方法清除杂草。除草剂要选用选择性清除单子叶植物的一类药剂。对于一年生杂草，也可通过及时刈割进行防除。

四、生产利用

该品种是优质的豆科牧草，在现蕾、开花期以前，叶多茎少，现蕾期后茎秆比例快速增加。

利用年限为两年，作割草地利用时，第一茬刈割在现蕾或初花期进行，可获得最佳营养价值，留茬高3～5cm，每年可刈割2～4次。在亚热带平原及低海拔丘陵地区，6月前应停止割草，以利安全越夏。在北方寒冷地区，在10月份之前停止刈割，以利越冬。也可与禾本科牧草如多年生黑麦草、鸭茅、苇状羊茅等混播建植多年生人工草地。

可青饲、青贮或调制干草。在南方多雨地区，主要作为鲜草利用或青贮储藏。饲喂时要控制牛、羊饲喂量，以免引起臌胀病。猪、鸡、鸭、鹅可直接采食或与精饲料混合饲喂。青贮时要在刈割后将鲜草晾晒，使其含水量在55%左右再进行青贮。青贮时添加乳酸菌或酸化剂，有助于青贮成功。在北方干燥地区多调制成干草储藏。

希瑞斯红三叶主要营养成分表（以干物质计）

收获期	CP (%)	EE (g/kg)	CF (%)	NDF (%)	ADF (%)	CA (%)	Ca (%)	P (%)
初花期	11.8	29.0	20.6	34.7	22.4	9.2	0.85	0.15

注：由农业部全国草业产品质量监督检验测试中心提供。

CP：粗蛋白，EE：粗脂肪，CF：粗纤维，NDF：中性洗涤纤维，ADF：酸性洗涤纤维，CA：粗灰分，Ca：钙，P：磷。

希瑞斯红三叶单株

希瑞斯红三叶叶片

希瑞斯红三叶花序

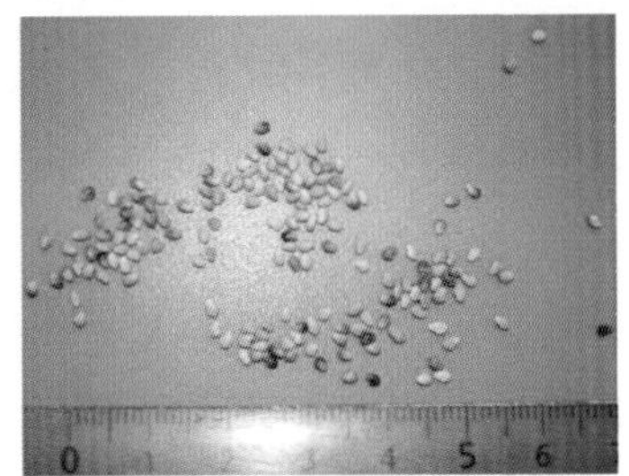

希瑞斯红三叶种子

6. 鄂牧2号白三叶

鄂牧2号白三叶（*Trifolium repens* L.‘Emu No.2’）是以引进品种“路易斯安那”（*Trifolium repens* L.‘Louisiana’）和“瑞加”（*Trifolium repens* L.‘Regal’）为原始材料，采用自然选择和人工选择相结合的方法，经过单株选择，株系鉴定，多元杂交等手段选育而成的育成品种。由湖北省农业科学院畜牧兽医研究所于2016年7月21日登记，登记号503。该品种抗旱耐热，在适宜种植区鲜草产量可达55 000 kg/hm^2，平均干草产量8 500kg/hm^2，生产性能稳定持久。

一、品种介绍

豆科三叶草属多年生草本，主根短，侧根发达，具根瘤。主茎较短，基部分枝多，茎匍匐生长，茎节着地生根。三出掌状复叶，倒卵形，叶面具“V”形斑纹，平均长3.7cm，宽2.8cm；叶柄长15～30cm。头状花序，直径约2.2cm，含小花60～90朵；花冠蝶形，白色，花萼筒状。荚果较小，含种子2～4粒。种子细小，近圆形或心形，黄色或棕色；种子长约 0.5mm，千粒重 0.590g。

喜温暖湿润气候，在年降水量 1 000mm 左右、气温 15～25℃地区生长旺盛。耐一定程度高温干旱，抗寒性强，在长江流域及北亚热带低山丘陵及平原地区能够越夏，高海拔地区可顺利越冬，无严格枯黄期。对土壤要求不严，喜壤土，在 pH 6.0～6.5 条件下生长较好。适应性强，在亚热带湿润地区可形成单一群落。

长江流域及以南地区适宜 9 月下旬播种，翌年 4 月中旬现蕾，下旬开花，5 月底开始结荚，6 月底种子开始成熟，生育期 270d 左右。在夏季种子成熟后部分植株生长缓慢，个别叶片、枝条枯黄，但在 9 月份又恢复生长，整个冬季保持青绿，春季生长旺盛。

二、适宜区域

全国各地均可栽培，最适生长温度 19～24℃。适宜长江流域、云贵高原和西南山地、丘陵地区栽培；也可在温带及北亚热带平原地区栽培。

三、栽培技术

（一）选地

适应性强，对生产地要求不严，农田和荒坡地均可栽培；大面积种植时选择地势平坦或坡度稍缓、土层深厚、排灌方便的地块以便机械作业，并开设排水沟。种子生产的地块要求光照充足和利于花粉传播。

（二）土地整理

种子细小，要求精细整地。播前清除地块残茬、杂草、杂物，杂草严重时可采用除草剂处理后再翻耕。当土壤 pH 低于 6 时应施石灰，施量约 450kg/hm^2。基肥以有机肥为主，在翻耕前施腐熟的农家肥 15 000～30 000kg/hm^2，再配合磷肥，一般施过磷酸钙 600～750kg/hm^2。

（三）播种技术

1. 种子处理

初次种植白三叶的地块，播种前要用根瘤菌剂拌种。将黏合剂与三叶草根瘤菌剂充分混合，用包衣机将混合液均匀喷在所需包衣的种子上；也可用手工混合均匀，手工包衣。接种后及时播种，防止太阳曝晒。在病虫多发地区，为防治地下害虫，可用杀虫剂拌种。为防治病害，可根据具体病害类型用杀菌剂拌种，但已接种根瘤菌的种子不能再进行药剂拌种。

2. 播种期

春、秋播种均可，长江流域及以南地区适宜秋季播种，以 9—10 月为佳。但在南方中高山冷凉及我国北方地区以春季 4—5 月播种为宜。

3. 播种量

条播播种量 4.5～7.5kg/hm^2，撒播则适当增加 30%～50%。常与多年生黑麦草、鸭茅、苇状羊茅混播，禾本科和白三叶的比例以 7∶3 或 8∶2 为宜。

4. 播种方式

既可以种子直播，也可无性繁殖。如刈割利用，种子条播行距 20～25cm。生产中多以撒播为主，即把种子尽可能均匀地撒在土壤表面，如将其与细沙混合后进行撒播效果更好。营养体繁殖时，选择健壮、无病害且有 2～3 个茎节的短茎进行扦插镇压，之后立即浇水使土壤和扦插茎紧密结合，促进生根和长苗。

（四）水肥管理

秋播出苗期易遭遇伏旱天气，应注意灌溉。灌溉以喷灌为好，漫灌易造成种子流失或堆积。灌溉必须持续到幼苗健壮，否则会发生二次受旱死亡现象。

在生长 3～4 片真叶时根据苗情及时追肥，一般使用尿素，施量 75kg/hm^2。以割草为利用方式的白三叶草地，追肥以过磷酸钙为主，施量 150～300kg/hm^2。混播草地如禾本科牧草长势较弱或白三叶生长过旺追施以氮肥为主；当白三叶生长不良，禾本科牧草生长正常则以磷肥为主。

多雨季节要及时排水，以防止根系死亡或发生病害。夏季高温季节，适时灌溉则有利于植株越夏。

（五）病虫杂草防控

苗期生长相对缓慢，要及时清除杂草，可选用人工或化学方法进行。该品种病虫害相对较少，但在多雨季节，草丛下部因郁闭度高易发生黑斑病或根腐病，可通过及时刈割来预防，或喷施多菌灵（$C_9H_9N_3O_2$）进行防治。虫害危害有蚜虫、斑潜蝇和甜菜夜蛾，病情不重时无需专门用药，确需防治时，可选低毒、低残留药剂进行喷施。用药后 10d 内不宜饲喂利用，以确保家畜安全。

四、生产利用

植株高大，叶量丰富，草质柔嫩，适口性好，营养价值高。有匍匐茎，耐践踏，再生能力强，适合放牧利用。但单一草地易引起家畜臌胀病，因此最好和禾本科混播。草层高度达 15cm 以上即可利用，划区轮牧有利于牧草生长，建议每次放牧后休牧 2～3 周以利再生。

如做割草地利用，在草丛高度达 25cm 时即可刈割，留茬高度 2～3cm，太低不利植株再生，过高影响牧草产量，年可刈割 3～4 次。该品种在低海拔夏季高温伏旱地区越夏率较鄂牧 1 号白三叶和海法白三叶高，但仍建议在该时间段停止刈割以利其秋季早日恢复生长。

鄂牧 2 号白三叶主要营养成分表（以干物质计）

收获期	CP (%)	EE (g/kg)	CF (%)	NDF (%)	ADF (%)	CA (%)	Ca (%)	P (%)
分枝期[a]	19.4	22.0	14.3	24.3	19.0	10.9	1.25	0.25
分枝期[b]	22.7	28.0	/	17.4	22.4	9.7	/	/
初花期[b]	23.1	28.0	/	19.6	24.5	9.1	/	/
盛花期[b]	22.8	18.0	/	22.2	28.8	9.0	/	/

注：a 为农业部全国草业产品质量监督检验测试中心测定结果；b 为湖北省农业科学院农业测试中心测定结果。

CP：粗蛋白，EE：粗脂肪，CF：粗纤维，NDF：中性洗涤纤维，ADF：酸性洗涤纤维，CA：粗灰分，Ca：钙，P：磷。

鄂牧 2 号白三叶群体

鄂牧 2 号白三叶单株

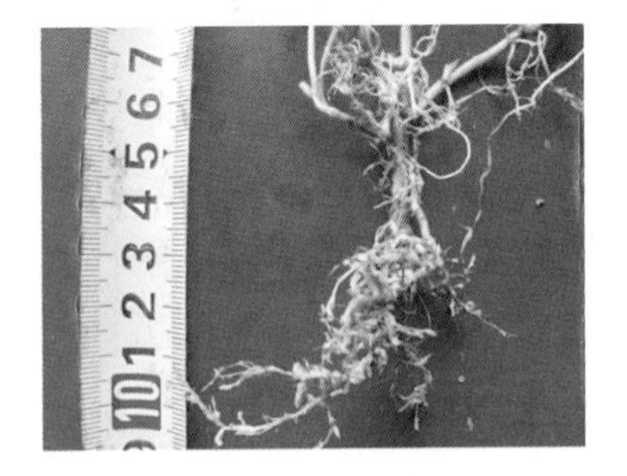

鄂牧 2 号白三叶根

鄂牧 2 号白三叶花序

7. 提那罗爪哇大豆

提那罗爪哇大豆［*Neonotonia wightii*（Wight & Arn.）Lackey ‘Tinaroo’］为1962年在澳大利亚获登记的品种，1983年云南省草地动物科学研究院通过中澳科技合作计划“牲畜和草场发展”项目从澳大利亚引进，1988年云南省农业科学院热区生态农业研究所从云南省草地动物科学研究院引进。经试种栽培应用后，由云南省农业科学院热区生态农业研究所于2015年8月19日审定登记，登记号479。该品种具有较好的丰产性。多年多点比较试验表明，提那罗爪哇大豆养分含量高（孕蕾期粗蛋白含量为14.20%～18.03%），尤其在干热河谷种植生物量高，粗纤维含量低，对山羊、鸡和家兔适口性好，牲畜喜食。速生，固土保水，可有效覆盖土壤绿化荒山。平均干草产量4 475～10 010kg/hm^2。

一、品种介绍

豆科多年生草本植物，主根发达。茎细，分枝多，蔓生，长100～300cm。三出复叶，小叶长5～10cm，宽3～

6cm。叶色浓绿，叶面光滑，托叶小，披针形，长 4～6mm，叶柄长 2.5～13cm。总状花序，腋生，长 4～30cm；萼筒钟状，萼齿深裂；旗瓣白色、红紫色或白色带紫色斑纹。荚果平直或微弯，长 1～4cm，宽约 3mm，种壳淡黄，内含种子 3～8 粒；种子矩圆形，淡棕色，千粒重 6.5～7.7g。

耐热、耐旱、耐瘠薄，适于土壤有机质含量 0.5%、降水量 600～1 500mm 的热带和亚热带地区种植。速生，干热河谷区种植每年可刈割 2～3 次，干草产量 4 475～10 010 kg/hm^2。叶量大，适口性好，家畜喜食。孕蕾期干物质中粗蛋白含量 14.2%～18.0%，粗脂肪 2.4%，粗纤维 25.1%，粗灰分 9.5%、无氮浸出物 39.4%。主根发达，种植 2 年的主根深 100cm。侵占性强，覆盖度 80%后杂草侵入少。

在热带地区适宜 4 月上旬至 5 月中旬播种，当年 11 月中下旬现蕾，11 月下旬开花，12 月中旬至翌年 3 月种子成熟，生育期 240～270d。

二、适宜区域

适宜范围广，适宜生长的年平均温度范围为 16～25.0℃。年均温幅度在 2～6℃或 20～23℃为次适宜温度。适宜在我国年降水量 600～2 000mm 的热带、亚热带地区的广东、广西、海南、福建、湖南及云南的大部分热区种植。尤其适宜在年降水量在600～1 300mm的金沙江、红河、思茅和保山及类似气候的干热河谷地区栽培利用。

三、栽培技术

（一）选地

该品种适应性较强，对生产地要求不严，农田和荒坡地均可栽培。大面积种植时应选择较开阔平整的地块，以便机械作业。进行种子生产时要选择光照充足的地块。

（二）土地整理

可育苗移栽和种子直播，播种地和移栽地需要深耕精细整地。播种前清除地表残茬、杂草、杂物，耕翻、平整土地。杂草严重时可采用除草剂处理后再翻耕。在土壤黏重、降雨较多的地区要开挖排水沟。土壤酸度较大时，要通过施石灰调整土壤pH值，以利于根瘤形成。作为刈割草地利用时，在翻耕前施基肥（农家肥、厩肥）15 000～30 000kg/hm^2，过磷酸钙600～900kg/hm^2。

（三）播种技术

1. 种子处理

种子用80℃左右水浸泡，在初次种植的地块，播种前要用种植提那罗爪哇大豆的土壤拌种，以接种根瘤。及时播种，防止太阳曝晒。在病虫多发地区，为防治地下害虫，可用杀虫剂拌种。为防治病害，可根据具体病害类型用杀菌剂拌种。

2. 播种期

在南方热带、亚热带地区，以4—5月播种为宜，土壤有积水时不能播种。

3. 播种量

育苗床播种量为37.5～45.0kg/hm^2。种子直播时条播播种量为3.0～6.0kg/hm^2，撒播播种量6.0～12.0kg/hm^2。

4. 播种方式

苗床以撒播为主。生产用地可采用条播或撒播。条播时，以割草为主要利用方式，行距30～50cm；以收种子为目的，行距为50～100cm，覆土厚度以0.5～1.0cm为宜。人工撒播时可用小型手摇播种机播种，也可将种子与细沙混合均匀，直接用手撒播。撒播后可轻耙地面或进行镇压以代替覆土措施，使种子与土壤紧密接触。

（四）水肥管理

在幼苗3～4片真叶时要根据苗情及时追施苗肥，使用尿素或复合肥，施量120～200kg/hm^2，可撒施、条施。以割草为目的的草地，每次刈割后追施肥料，以尿素为主，施量为200～400kg/hm^2，可以撒施、条施。

雨季基本不用灌溉，但在降雨量少的旱季适当灌溉可提高生物产量。在南方夏季炎热季节，有时会出现阶段性干旱，旱季每月灌溉 1 次，在早晨或傍晚进行灌溉，有利于再生草生长和提高植株越夏率。同样，在多雨季节，要及时排水，防治涝害发生。

（五）病虫杂草防控

虫害主要有蚜虫、叶蝉等，可用低毒、低残留药剂进行喷洒。

苗期生长缓慢，要及时清除杂草。中后期无需管理，提那罗爪哇大豆的茎叶自然覆盖可抑制杂草的再生。

四、生产利用

优质的豆科牧草，在现蕾、开花期以前，叶多茎少，现蕾期茎叶比为 0.96。

适宜作割草地利用，第一茬刈割在现蕾或初花期进行，可获得最佳营养价值，留茬高 20～30cm，每年可刈割 2～4 次。也可与禾本科牧草如多年生百喜草等混播建植多年生人工草地。

可青饲、青贮或调制干草。在南方多雨地区，主要作为鲜草利用或青贮储藏，饲喂时要控制牛、羊饲喂量，以免引起臌胀病。鸡、鸭、鹅可直接采食或与精饲料混合饲喂。

提那罗爪哇大豆主要营养成分表（以干物质计）

收获期	CP（%）	EE（g/kg）	CF（%）	NDF（%）	ADF（%）	CA（%）	Ca（%）	P（%）
初花期	13.7	10.0	33.9	52.7	37.3	8.8	1.31	0.22

注：由农业部全国草业产品质量监督检验测试中心提供。

CP：粗蛋白，EE：粗脂肪，CF：粗纤维，NDF：中性洗涤纤维，ADF：酸性洗涤纤维，CA：粗灰分，Ca：钙，P：磷。

提那罗爪哇大豆根

提那罗爪哇大豆茎

提那罗爪哇大豆叶片

提那罗爪哇大豆花和荚果

8. 崖州硬皮豆

崖州硬皮豆［*Macrotyloma uniflorum*（Lam.）Verdc. 'Yazhou'］在我国海南崖县、乐东和昌江等地的栽培历史悠久。20 世纪 60 年代以来，种植面积逐步增加，近年种植面积大致都在 2 000hm^2左右。中国热带农业科学院热带作物品种资源研究所将崖州硬皮豆整理于 2015 年 8 月 19 日审定登记为地方品种，登记号 480。

一、品种介绍

一年生半直立型缠绕草本，质地柔嫩。茎纤细，被白色短柔毛，直立部分高 30～60cm。小叶 3 枚，质薄，顶生小叶卵状菱形，侧生小叶偏卵形，长 2.5～8cm，宽 0.5～5cm，顶端圆或稍急尖，基部圆，无毛或被短柔毛，总叶柄长 1～7cm；托叶披针形，长 4～10mm。总状花序短缩，通常 2～5 朵腋生成簇；花梗及花序轴长 0～1.5cm；苞片线形，长约 2mm；小花梗长 1～7mm；萼管状，长约 2mm，裂片三角状披针形，长 3～8mm；花瓣淡黄绿色，旗瓣中央有一紫色小斑，雄蕊二体（9+1）。荚果线状长圆形，长3～6cm，宽4～8mm；被短柔毛或无毛，先端延伸出长约5mm的细钩状，每荚具种子5～8粒。种子长圆形或圆肾形，长4～6mm，宽3～5mm，浅或深红棕色，表面有时有黑褐色斑点。二倍体，染色体数 $2n=20$，22，(24)。千粒重15～30g。

硬皮豆属（*Macrotyloma*）植物主要分布于非洲和亚洲热带地区，全世界约25种，我国无野生分布。硬皮豆最早在我国台湾南部（屏东）地区栽培。

喜湿热气候环境，生长的适宜温度为25～35℃，温度低至20℃以下时，生长速度显著降低。中日照自花传粉植物，耐旱、耐贫瘠能力强，在海南西南部，11月至次年2月，降雨量仅65～120mm的地区，能正常开花，结实良好。生长迅速，作为先锋植物时，播种6周后即可刈割。种子生产时，由于裂荚性弱，故种子收获量高。种子发芽率高，一般都在90%～95%，播种后3d出苗整齐。在海南西部和南部地区，8—9月播种，10—11月进入盛花期，11—12月结荚，12月至次年1月种子成熟。若3—5月播种，生长至10—11月，未开花即枯死。

二、适宜区域

硬皮豆生态适应范围广泛，在我国长江以南、北亚热带中低海拔气候区，作为夏季短期性豆科牧草种植。在南亚热带及热带地区，常用于果园、经济林等地表覆盖作物种植或用作多年生草地先锋豆科牧草种植。

三、栽培技术

较适合与一年生禾谷类作物或甘蔗等间作，也适合用作果园覆盖。在多年生草地建植中可用作先锋豆科牧草使用。用于饲草生产时，宜春、夏播种，播种时间较灵活，播后2～3个月即可刈割利用。用于种子生产时，在海南宜9—10月播种。条播或穴播，株行距30～45cm，播种深度2～3cm，播后轻耙盖土。用种量11.25～22.5kg/hm^2。可施磷酸钙1 125～2 250kg/hm^{2}作基肥。由于再生性差，用作饲草生产时宜一次性刈割利用。种子生产时，由于裂荚性弱，因此可在种子充分成熟、植株干枯后，全部刈割，在晒场晒干后，人工脱粒筛选。

四、生产利用

硬皮豆叶量丰富，茎叶柔嫩，适口性好，营养价值较高，是家畜的优质饲料。硬皮豆茎叶含粗蛋白11%～18%，种子含粗蛋白22%～25%。牛最初不喜食，但经过一段时间后适口性转好，干季肉牛放牧日增重0.25～0.64kg/（头·天）。国外，良好条件下，硬皮豆的干草产量可达6 000kg/hm^2。种子产量 2 000kg/hm^2，但在半干旱条件下，种子仅为 200～400kg/hm^2，平均约为 1 000kg/hm^2。在云南，夏播 100d 左右鲜草产量可达 21 300kg/hm^2，折合成干草产量约 4 000kg/hm^2。在海南种子产量为 400～750kg/hm^2。

崖州硬皮豆主要营养成分表（以干物质计）

收获部位	CP（%）	EE（g/kg）	CF（%）	NFE（%）	CA（%）	Ca（%）	P（%）
鲜茎叶	15.1	2.21	11.8	66.4	4.44	0.47	0.23
种子	28.7	0.86	7.51	40.2	3.10	—	—

注：CP：粗蛋白，EE：粗脂肪，CF：粗纤维，NFE：无氮浸出物，CA：粗灰分，Ca：钙，P：磷。

崖州硬皮豆植株　　崖州硬皮豆单株

崖州硬皮豆根

崖州硬皮豆豆荚

9. 公农广布野豌豆

公农广布野豌豆（*Vicia cracca* L. ‘Gongnong’）是以1999年收集于吉林省延边地区的野生广布野豌豆群体为选育材料，经栽培驯化、多代单株混合选择，选育出性状基本稳定、产草量高、叶量丰富的优良野生栽培品种。由吉林省农业科学院畜牧分院草地所于2015年8月19日登记，登记号为481。

一、品种介绍

多年生攀缘性草本，高100～150cm，盛花期高度达2m以上。茎细，具四棱，稍有毛或无毛。偶数羽状复叶，具4～7对小叶，叶轴末端具分歧的卷须，托叶小，多呈半边戟形；小叶椭圆形或卵形至长圆形或长卵形，长10～25mm，宽6～12mm，基部通常圆形，先端圆形或微凹，全缘，表面绿色，稍有毛或无毛，背面淡绿色或带苍白色，无光泽，伏生细柔毛，侧脉与主脉成锐角（45～60°），较稀疏。总状花序腋生，具花7～12朵，蝶形花冠，紫色。荚果近矩圆形，内有种子1～4粒。

播种当年生长十分缓慢，株高仅有30cm左右，不开花不结实。播种后15d左右出苗，50d后进入分枝期。播种第二年5月初返青，6月下旬现蕾，6月末至7月初花，7月下旬到8月中旬进入盛花期，9月下旬种子成熟。落粒性强。生育天数136d左右。抗寒、耐旱、耐轻度盐碱，喜湿润性气候条件，但不耐水淹。在极端最低气温－40℃左右能够安全越冬。对土壤要求不严，以富含有机质的土壤生长最好，轻度盐碱地上也能很好地生长。在种植的过程中，没有病害发生。种子成熟时，易遭虫害。粗蛋白含量高，叶量丰富，草质优良，适口性好，牛、羊均喜食。

二、适宜区域

该品种抗寒性及抗旱性较强，耐轻度盐碱，因此适宜在吉林省东部山区、西部轻度盐碱化地区，或同等条件的东北广大地区种植。

三、栽培技术

（一）选地

该品种适应性较强，对生产用地要求不严，农田和荒坡地均可栽培。大面积种植时应选择较开阔平整的地块，以便机械作业。进行种子生产的要选择光照充足、利于花粉传播的地块。

（二）土地整理

要求精细整地。种前对土地进行深翻、细耙，充分粉碎土块，整平地面。

（三）播种技术

1. 种子处理

因种子硬实率较高，播种前需把种子放尼龙网袋子里，浓硫酸浸没种子，25min后拿出来，放在事先准备好的清水里浸没，之后流水冲洗。或用砂纸揉擦磨破种皮以打破硬实。

2. 播种期

该品种春、秋季均可播种。

3. 播种量

播种量为30～40kg/hm^2。

4. 播种方式

可采用条播，行距60cm。播种深度为3～4cm。播后镇压，使种子与土壤紧密接触。

（四）水肥管理

不追肥，不灌溉，保持自然状态。

（五）病虫杂草防控

整个生育期未见感染病害。在 8 月下旬种子陆续成熟时，可用 10％溴氰菊酯（$C_{22}H_{19}Br_2NO_3$）药剂防治种子害虫。苗期生长慢，应及时防除杂草。第二年以后生长快，有很强的抑制杂草能力。

四、生产利用

遗传性状稳定，具有较强的适应性，抗寒、抗旱、耐轻度盐碱，产草量高，营养品质好。现已成为吉林省天然草地改良、人工草地建设、饲草饲料资源开发利用的优良草种之一。

粗蛋白含量高，饲用品质好。公农广布野豌豆叶量丰富，草质优良，适口性好，牛、羊均喜食，品比试验中三年的茎叶比分别为 1∶3.30、1∶1.88、1∶1.74。其分枝及再生能力较强，播种当年分枝 10～20 个，第二年分枝 48～55 个，第三年分枝 70～75 个。刈割第一茬后，再生速度为 3.3cm/d。其生育期 136d 左右，平均干草产量达4 313.33kg/hm^2，较对照野生广布野豌豆增产23.35％。

可与禾本科牧草如羊草、无芒雀麦等混播建植多年生人工草地。

公农广布野豌豆主要营养成分表（以干物质计）

收获期	CP （%）	EE （g/kg）	CF （%）	NFE （%）	CA （%）
盛花期	19.81	3.88	28.13	41.78	6.22

注：由吉林省农科院畜牧分院草地所化验室提供。

CP：粗蛋白，EE：粗脂肪，CF：粗纤维，NFE：无氮浸出物，CA：粗灰分。

公农广布野豌豆群体

公农广布野豌豆花

10. 兰箭2号箭筈豌豆

兰箭2号箭筈豌豆（*Vicia sativa* L.‘Lanjian No. 2’）原始亲本由位于叙利亚的国际干旱农业研究中心（ICARDA）1994年从西班牙引进并初步选育，命名为品系2560。兰州大学1997年自ICARDA引进该品系，作为亲本材料。1998年以来，采用单株选择和混合选择法，选择草产量高、种子可成熟的植株，单独脱粒，分株等量种子混合，再经混合选择而育成。于2015年8月19日通过审定登记为育成品种，登记号为482。该品种具有早熟、牧草和种子产量均较高的特点。可在青藏高原海拔3 100m及以下地区生产种子。

一、品种介绍

豆科一年生草本，株高80～120cm，因气候而异。主根发达，入土40～60cm，苗期侧根20～30条，根灰白色，有根瘤着生。茎圆柱形、中空，茎基紫色。羽状对生复叶，小叶4～5对，条形、先端截形；苗期叶的长宽比约 8.0，叶轴顶部具分枝的卷须。蝶形花，紫红色。荚果条形，含种子 3～5 粒；种子近扁圆形，群体杂色，为灰绿色无斑纹、灰褐色带黑色斑纹和黑色无斑纹之混合。千粒重 78g 左右。

适应范围广，在海拔 3 100m 以下的高山草原和黄土高原均能良好生长，可完成生育周期收获种子。喜土层深厚、pH 6.5～8.5 的土壤，日照时间较长有利于分枝期及花期生长。具有产草量及种子产量均高、较早熟、耐旱、耐瘠薄以及水、热、养分利用效率高等特点。

二、适宜区域

适宜在黄土高原和青藏高原海拔 3 100m 左右的地区种植。

三、栽培技术

（一）选地

具有广泛的适应性，但是在选择种植地块时，要避免前作喷施了灭生性除草剂或防除阔叶杂草的除草剂的地块。

（二）土地整理

播前需耕翻土地，耕深不少于 20cm，耕后耙平、镇压，以利保墒，有条件的地区，提倡秋末耕翻，并施基肥，整地保墒，以利翌年出苗。

施肥因前作土地的营养状况而异，对于前作是燕麦、青稞等或是新开垦的草地，播前施农家肥 30～45m^3/hm^2 或磷二铵（N18% P_2O_5 46%）75kg/hm^2。前茬为油菜、马铃薯地可适量减少施肥量。我国北方农田土壤普遍缺磷，施磷肥可显著提高牧草产量，施磷量为 90～135kg/hm^2 时，牧草产量分别比未施肥增加 37.3%。

（三）播种技术

1. 种子处理

在播种前要进行根瘤菌拌种，选择箭筈豌豆专用的根瘤菌菌种，可购买商业用的菌种。在拌种前将菌种和种子均匀混合，如果菌种是菌液，接种时应该掺一些泥炭土或细土，以增加接种的均匀度。接种过程中，应避免阳光直接照晒，以免紫外线杀死菌种，拌种后应马上播种。接种与不接种的相比，接种根瘤菌可使牧草产量增加 37.8%。

2. 播种期

根据自然条件、耕作水平，选择适宜的播种期。以 5 月初为好，5 月 6 日播种的牧草产量比 4 月 16 日播种的牧草产量提高 37%。

3. 播种量

播种量应根据不同自然条件和耕作水平决定。单播，适宜播种量为 120～150kg/hm^2；与燕麦混播，播量是单播的 40%～50%。混播使牧草产量大幅提高，如在夏河地区，与燕麦混播，牧草产量比单播箭筈豌豆增产 71%，较燕麦单播增产 14%。

4. 播种方式

条播或撒播，条播行距 15～20cm，混播时，播深以3～4cm 为宜，播种过深，幼苗出土时间长，瘦弱，生长势差，影响产量。如果是大规模机械作业，混播时可采用箭筈豌豆和燕麦隔行播种的方式进行；小规模人工播种时，可在同一地块分别撒播箭筈豌豆和燕麦，但要注意撒播均匀，播后耙土或轻耱覆土。

（四）水肥管理

出苗后 30d 除草 1 次，有利于幼苗生长发育。有条件的地方，播种前灌水以利保墒出苗。分枝至现蕾期可灌溉1～2 次。

（五）病虫杂草防控

“兰箭 2 号”箭筈豌豆一般无病虫害，但在干旱少雨、气温较高的地区早春注意防蚜虫、白粉病等。结荚期注意观察，及时预防棉铃虫发生。

苗期生长缓慢，要及时清除杂草。混播草地及时清除有毒有害杂草，单播草地可通过人工或化学方法清除杂草。除草剂要选用选择性清除单子叶植物的一类药剂。对于一年生杂草，也可通过及时刈割进行防除。

四、生产利用

盛花期刈割，可获单位面积最大的蛋白质收获量。头茬草刈割时留茬高度以5～10cm为宜，可促进二茬草的生长，生长季结束每公顷可收获2 252kg干草。刈割的鲜草应及时晾晒，翻动，防止雨淋、发霉，枝叶含水量降到23%左右时打捆，就地田间排列存放或运回晒场翻晒，晒至青干草含水量保持在17%以下，有条件时可机械打捆。青干草贮藏场所应保持干燥、通风，避免雨淋，并每月检查一次，防止霉变、虫鼠危害等。

兰箭2号箭筈豌豆群体

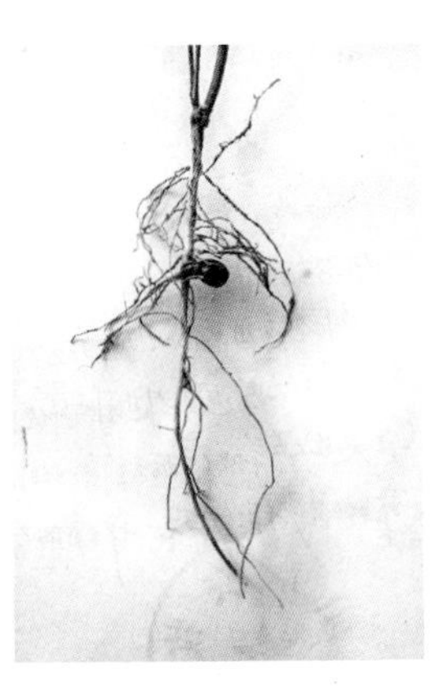

兰箭2号箭筈豌豆根

兰箭 2 号箭筈
豌豆茎

兰箭 2 号箭筈豌豆叶片

兰箭 2 号箭筈
豌豆花

兰箭 2 号箭筈豌豆荚果

兰箭 2 号箭筈豌豆种子

11. 川北箭筈豌豆

川北箭筈豌豆（*Vicia sativa* L. ‘Chuanbei’）是以四川省绵阳市平武县收集的农家材料为原始材料，经过多年选择整理而形成的地方品种。由四川省农业科学院土壤肥料研究所于2015年8月19日登记，登记号483。该品种具有丰产性和稳产性。多年多点比较试验证明，平均干草产量3 979kg/hm^2，最高年份干草产量4 758kg/hm^2；平均种子产量576kg/hm^2。

一、品种介绍

野豌豆属一年生草本植物，主根肥大，侧根发达，根上着生粉红色球状根瘤和根蘖枝，根蘖枝条数2～8个，分枝多，每株10～100个。茎斜生或攀缘，长可达140cm，茎叶深绿色，茸毛稀少，叶为偶数羽状复叶，每复叶具圆形或披针形小叶8～16枚，叶轴顶端具卷须。花1～3朵，生于叶腋，花梗短；花冠蝶形，紫色或红色，属无限花序。荚果条形稍扁，黄褐色，内含圆球形，黑褐色或黑色种子7～12

粒，易裂，千粒重 50～70g。

喜温凉湿润气候，耐寒、耐旱、耐瘠薄，再生能力强，生长速率快，产草量高。春播、秋播均可，秋播于 9 月上旬播种，冬前可刈割利用 1～2 次，春季返青后可再刈割 2 次，平均干草产量 9 816kg/hm^2。秋播生育期 235～252d。

二、适宜区域

适应海拔为 500～3 000m，抗寒性较强，不耐高温，耐旱能力较强，在年降雨量不少于 450mm 地区均可栽培。耐盐力略差，适宜 pH 5.0～7.0，适应于长江流域以南的红壤、石灰性紫色土和冲积土。

三、栽培技术

（一）选地

该品种适应性较强，对生产地要求不严，农田和荒坡地均可栽培。

（二）土地整理

播前 1 周除去杂草、石块和杂物，深翻耕备用。用腐熟有机肥 22 500kg/hm^2 和过磷酸钙 300kg/hm^2 作基肥，打碎土块，精细整地。

（三）播种技术

1. 种子处理

对种子进行春化处理能提早成熟和高产。处理方法为每50kg种子加水38kg，15d内分4次加入。拌湿的种子放在谷壳内加温，并保持10～15℃温度，种子萌动后移到0～2℃的室内，35d即可播种。

2. 播种期

南方一年四季都可播种，尤其以9、10月份为佳。在南方高山冷凉及我国东北、西北地区，以春季4—5月播种为宜。土壤有积水时不能播种。

3. 播种量

根据播种方式和利用目的而定。单播时，以刈割为利用目的，条播播种量为75kg/hm^2，撒播播种量适当增加30%左右。以收获种子为目的，条播播种量为60kg/hm^2，撒播时播种量适当增加。单播时易倒伏，通常和燕麦、大麦、多花黑麦草等混播，比例为2∶1或3∶1。在一年一熟地区水肥条件充足时，可在麦茬地套种或复种。

4. 播种方式

可采用条播或撒播，生产中以撒播为主。条播时，以割草为主要利用方式的，行距30cm，以收种子为目的时，行距为50cm，覆土厚度以1.0～2.0cm为宜。撒播后可轻耙地面或进行镇压以代替覆土措施，使种子与土壤紧密接触。

（四）水肥管理

播种前后需保持一定的土壤湿度，出苗后一个月和分枝期后人工除杂草一次，应注意分枝期和青荚期的供水。生长过程中对土壤中磷消耗较多，第一次刈割后合理追肥（主要追磷、钾肥）。适时除杂草，灌水，施肥等。

（五）病虫杂草防控

川北箭筈豌豆一般无病虫害，但在干旱少雨、气温较高的地区早春注意防蚜虫、白粉病等。结荚期注意观察，及时预防棉铃虫发生。

苗期生长缓慢，要及时清除杂草。混播草地及时清除有毒有害杂草，单播草地可通过人工或化学方法清除杂草。除草剂要选用选择性清除单子叶植物的一类药剂。对于一年生杂草，也可通过及时刈割进行防除。

四、生产利用

适宜作割草地利用，在现蕾或初花期进行，可获得最佳营养价值。可青饲、青贮或调制干草。在南方多雨地区，主要作为鲜草利用或青贮，饲喂时要控制牛、羊饲喂量，以免引起臌胀病。猪、鸡、鸭、鹅可直接采食或与精饲料混合饲喂。青贮时要在刈割后将鲜草晾晒，使其含水量在55%左右再进行青贮。青贮时添加乳酸菌或酸化剂，有助于青贮成功。在北方干燥地区多调制成干草储藏。

川北箭筈豌豆主要营养成分表（以干物质计）

收获期	CP (%)	EE (g/kg)	CF (%)	NDF (%)	ADF (%)	CA (%)	Ca (%)	P (%)
初花期	21.0	18.0	21.0	33.5	24.7	9.9	1.23	0.24

注：由农业部全国草业产品质量监督检验测试中心提供。

CP：粗蛋白，EE：粗脂肪，CF：粗纤维，NDF：中性洗涤纤维，ADF：酸性洗涤纤维，CA：粗灰分，Ca：钙，P：磷。

川北箭筈豌豆群体

川北箭筈豌豆花

12. 热研 25 号圭亚那柱花草

热研 25 号圭亚那柱花草［*Stylosanthes guianensis* (Aubl.) Sw. 'Reyan No. 25'］是以 GC1585 圭亚那柱花草为原始材料，采用自然选择和人工选择相结合的方法，经单株扩繁选择，株系比较评价等手段选育而成的育成品种。由中国热带农业科学院热带作物品种资源研究所于 2016 年 7 月 21 日登记，登记号 506。该品种具有丰产性，特别是冬春旱季产量高。年均干草产量 11 650kg/hm^2，冬春旱季干草产量 3 407g/hm^2。

一、品种介绍

多年生半直立草本，株高 1.1～1.5m，基部茎粗 0.5～1.5cm，多分枝，全株密被绵毛和稀疏褐色腺毛。托叶与叶柄贴生成鞘状，宿存，长 1.4～2.1cm，羽状三出复叶，中央小叶长椭圆形，长 3.1～3.7cm，宽 0.7～1.3cm，先端急尖，被长柔毛，小叶柄长 1.0mm，两侧小叶较小，长 1.6～3.2cm，宽 0.5～1.0mm，近无柄，仅具一极短节。花序具无限分枝生长习性，穗形总状花序，顶生或腋生，花序长1～1.5cm；初生苞片紧包花序，长0.2～1.0cm，密被锈色腺毛；次生苞片长0.2～2.0cm，长椭圆状至披针形；小苞片长1～4mm。花冠蝶形，花小，花萼上部5裂，长1.0～1.5mm，基部合生成管状，花萼管细弱，长5～7mm；旗瓣橙黄色，具棕红色细脉纹，长5～7mm，宽3～5mm。翼瓣2枚，较旗瓣短，淡黄色，上部弯弓，连合，具瓣柄和耳；龙骨瓣与翼瓣相似，具瓣柄和耳。雄蕊10枚，单体雄蕊，花药二型，长、短二型花药相间而生，长型花药着生于较长花丝上，短型花药生于较短花丝；雌蕊1枚，柱头圆球形，花柱细长，弯曲，子房包被于萼管基部，子房具胚珠1～2枚。荚果褐色，卵形，长2.6mm，宽1.7mm，具短而略弯的喙，具1粒种子，种子肾形，黄色至浅褐色，有光泽，长1.5～2.2mm，宽约1mm。种子千粒重2.7g。

喜潮湿的热带气候，牧草产量高，抗柱花草炭疽病，其平均病级1.67级，最大病级4级。极耐干旱，可耐4～5个月的连续干旱，在年降水600mm以上的热带地区表现良好。适应各种土壤类型，耐低肥力土壤、酸性土壤和低磷土壤，能在pH 4.0～5.0的强酸性土壤和贫瘠的砂质土壤上良好生长。具有较好的放牧与刈割性能。热研25号圭亚那柱花草开花期晚，在海南儋州，当年种植11月中旬开始开花，12月中旬盛花，翌年1月下旬种子成熟，种子产量较低。

二、适宜区域

适宜在我国年均气温 15～25℃的热带、亚热带红壤地区种植。

三、栽培技术

（一）选地

适应性强，对生产地要求不严。但土壤肥沃、疏松、排灌方便的地块生产潜力大，可获得高产。在种子生产时，选择光照充足、积温较高的热带地区进行。

（二）土地整理

种子细小，需要深耕精细整地。播种前清除生产地块灌木、杂草、杂物等，二犁二耙翻耕平整，犁翻深度 15～20cm，结合整地施有机肥 7 500kg/hm^2、过磷酸钙 225kg/hm^2作基肥。

（三）播种技术

1. 种子处理

种子外壳坚硬，种皮外表有一层由坚韧、致密的蜡状物组成的角质层，不易透水，即使在适宜的水热条件下，也不易吸水膨胀，从而出现不出苗或出苗不齐的现象。为提高种子的田间出苗率，保证播种质量，在播种之前，必须进行种子处理。目前生产上常使用的方法是温水处理，即将种子放入 80℃热水中浸泡 3～5min 后晾干。此法可在短时间内，使种子表面蜡质层脱落，外壳变软，易吸水膨胀，从而提高种子的发芽率。

2. 播种期

海南西南部地区，降雨量低，气候较干旱，一般在 6—7 月雨季来临时播种为宜，中部地区可 5—6 月播种，东部地区则可常年播种。由于各地降水量、雨季早晚，土壤均不相同，各地应根据当地的实际情况，灵活掌握，确定适宜的播种期。

3. 播种量

播种量根据播种方式和利用目的而定。刈割单播草地，撒播时播量为 7.5～15.0kg/hm^2；种子生产田，多育苗移栽，播量 3.8～5.0g/m^2。

4. 播种方式

刈割草地可采用条播或撒播，生产中以撒播为主。撒播时须加入适量的细沙土粉，约为种子体积的 4～6 倍，混合均匀后再行播种，以保证播种均匀。播后轻耙即可。种子生产田多育苗移栽，待苗高 30～40cm 时，起苗移栽，株行距为（80～100）×（80～100）cm，每穴移栽 2～3 株。

（四）水肥管理

柱花草种植因种植方式、利用形式不同，其栽培技术及田间管理要求亦不相同，这里主要针对我国南方的实际情况，重点讲述在单一播种，收割利用时，柱花草的田间管理技术措施。

圭亚那柱花草一般在播种后 7～10d 陆续出苗，播种后 30d 宜进行查苗补播工作，凡每平方米平均少于 5～8 株，均需补播。若遇雨水较大，表土被冲，需将板结的土壤锄松后再行补播，以保证单位面积的苗数。

播种后 1～1.5 个月，常有部分小苗长势差，并伴有黄化现象，这是因为土质较差所致。如遇这类情况，应趁雨天每公顷施尿素 60～75kg，以补充幼苗生长所需的氮肥。一般年公顷施过磷酸钙 225～450kg、钾肥 150～225kg。

苗期生长较慢，与杂草竞争力弱，特别是在未覆盖之前，裸露地易滋生杂草，影响牧草的正常生长，要及时除杂、除灌。对于杂灌木可用人工砍挖，对于禾本科杂草，除用人工清除外，也可用除草剂灭杀。

（五）病虫杂草防控

一般病虫害较少，近年来在生产上未见发生危害病虫害。该品种较抗柱花草炭疽病菌，但遇高温高湿或在台风过后，若有感病发生，可使用 800～1 000 倍液的多菌灵进行防治。

四、生产利用

既可以与坚尼草、狗尾草、俯仰马唐、无芒虎尾草等禾草建植混播草地供放牧，亦可用作刈割草地。刈割草地种植当年，株高60～80cm时，可进行第一次刈割，刈割高度30cm。刈后若植株再生良好，可在11月份前进行第二次刈割。此后每年可刈割3～4次。此外，该品种还是一种优良的绿肥覆盖作物，种植于幼龄橡胶园、果园等种植园中，不但可以获得一定的青饲料，而且还可防止土壤冲刷，控制杂草，涵养土壤水分，提高土壤肥力。

热研25号圭亚那柱花草主要营养成分表（以干物质计）

收获期	CP（%）	EE（g/kg）	CF（%）	NFE（%）	CA（%）	Ca（%）	P（%）
营养生长期	9.63	3.10	38.28	40.24	8.75	1.325	0.201

注：由农业部热带作物种子种苗质量监督检验测试中心提供。

CP：粗蛋白，EE：粗脂肪，CF：粗纤维，NFE：无氮浸出物，CA：粗灰分，Ca：钙，P：磷。

热研25号圭亚那柱花草群体

热研25号圭亚那柱花草叶片

热研 25 号圭亚那柱花草花

热研 25 号圭亚那柱花草荚果

13. 阿索斯鸭茅

阿索斯鸭茅（*Dactylis glomerata* L. ‘Athos’）是丹农公司丹麦育种中心利用来自法国和俄罗斯的晚熟品系83PX16，于20世纪80年代育成的晚熟品种。该品种是众多鸭茅品种中成熟期较晚的一个，适合与多种牧草混播。与其他晚熟品种不同，其春季的头两茬草的产量很好，抗锈病能力强，适口性很好。已在丹麦、法国、英国和比利时等多国注册为推荐品种，并列入经济合作与发展组织（OECD）推荐品种名录。于2005年由贵州省畜牧兽医研究所和贵州省草业研究所引进国内，并于2015年8月19日登记，登记号484。该品种具有丰产性，多年多点比较试验证明，“阿索斯”鸭茅平均年干草产量8 864kg/hm^2，最高年份干草产量13 495kg/hm^2。

一、品种介绍

多年生疏丛禾草，须根系，植株高度60～140cm，每丛平均分蘖50～70个，直立。叶片蓝绿色，叶量大，叶片长

15～25cm，中脉突出，断面“V”形。圆锥花序开展，长10～15cm，每小穗含小花3～5朵。种子长3.0～4.5mm，外稃具短芒，千粒重0.8～1.0g。

属冷季型牧草，秋播生育期300d左右，适合年降水量600～1 500mm、气候温和地区种植。最适生长气温为昼夜22/12℃，抗寒和耐旱能力较好，气温高于28℃以上其生长受阻，但耐热和耐寒能力都强于多年生黑麦草。具出色的耐荫能力，适合林下种植。适合多种土壤，尤其较黏重土壤，耐酸但不耐盐碱，对氮肥反应敏感。

种植当年生长较慢，次年产量很高，每年可割草4～5次，再生快，在适合的气候和管理条件下可利用5～8年或更长。西南地区适宜秋季9—11月播种，播种后10～15d出苗，次年3月底进入分蘖期，4月中下旬进入拔节期，6月底孕穗，7月进入完熟期，秋播全生育期约300d，属于晚熟品种。

二、适宜区域

喜温暖湿润气候，如南方海拔600～3 000m，降水量600～1 500mm，年均气温＜18℃的温暖湿润山区，最适生长温度为10～28℃，北方气候湿润温和地区也可种植，果园等有遮荫地区种植可获得较其他牧草更高的产量。

三、栽培技术

（一）选地

对土壤类型要求不严，偏酸和黏重土壤也能耐受，适合除盐碱土以外的所有土壤类型。

（二）土地整理

由于种子细小，苗期长势弱，播前需要精细整地，使土地平整，土壤细碎，保持良好的土壤水分。结合翻耕，宜施用充足的有机肥作底肥，如有机肥料（腐熟羊粪肥等）22.5kg/hm^2，或复合化肥 450kg/hm^2。由于耐荫能力强，也可在果园等林下种植，其在全日照 1/3 条件下产量不受明显影响，最高能耐受全日照 1/2 的遮荫。

（三）播种技术

种子为不耐贮藏的短寿命种子，不宜越年存放，最好放置于低温干燥库房。可春播或秋播，秋播更利于控制苗期杂草。在长江流域及以南地区秋播为宜，播期为 9—11 月，北方秋播不应晚于 8 月底。

一般采用条播或撒播，播深 1～2cm，沙性土壤的播种深度宜稍深，黏性土壤的播深要浅，以利出苗。播量 15～20kg/hm^2。混播按比例酌减，一般是单播播量的 1/3～1/2。

常与之混播的禾本科草种主要有多年生黑麦草、羊茅黑麦草或苇状羊茅等，豆科牧草如紫花苜蓿、红三叶和白三叶等。

（四）水肥管理

苗期和播种当年生长缓慢，苗期结合中耕松土及时除杂草，及时查苗补缺。对山区草地，控制杂草的最有效方式是适当提前放牧或割草利用。

施用氮肥可有效增加鸭茅产量和蛋白质含量，提高牧草消化率。在一定的范围内，氮肥用量与产量成正比。有试验证明，每公顷施氮量达到 562.5kg 时，最高产量可达 18 000kg/hm^2，而更高的施肥量反而会降低产量。种肥可施纯氮 55.5kg/hm^2，在生长季节，每月追施纯氮 55.5kg/hm^2，或每次刈割或放牧后施尿素 50～100kg/hm^2。在微酸性土壤种植时种肥可施磷肥 150～225kg/hm^2。当与豆科牧草混播时，加大氮肥使用量能减少豆科牧草的比例。

我国南方即使在年降水 800mm 以上的地区，很多地区也存在季节性干旱，鸭茅虽然比较耐旱，但对水分条件比较敏感，需要时适当灌水可明显增产。炎热夏季适当灌溉还可降低地温，利于越夏。

（五）病虫杂草防控

鸭茅在合理的管理利用下病虫害较少，最常见的病害是锈病、叶斑病、条纹病和纹枯病等，一般在多雨潮湿条件下易发，新品种的抗病性明显优于老品种。锈病的发生常与草层密度过高和收获不及时发生倒伏密切相关。应对病虫害的主要措施是采用新育成的高抗逆性新品种并加强田间水肥管理,一旦有病虫害发生,主要是提前刈割或提高放牧强度来加以控制。

四、生产利用

营养价值高，适口性好，可青饲、青贮或调制干草，也可放牧利用，应选择抽穗前或抽穗期刈割，以获得最佳消化率，留茬高度以 8～10cm 为宜。放牧选择株高 20～30cm 开始，春季首次利用宜早，能显著抑制牧草抽穗，延长营养生长时间。一般每年可利用 3～5 次。

与调制干草相比较，青贮可将饲草的损失由 50%降低到只有 5%，鸭茅用于沟渠青贮或堆青贮的适宜含水量是 70%,直立青贮窖为 50%，密封青贮为 40%～60%，而拉伸膜青贮的适宜含水量是 55%～70%。抽穗前到抽穗期割草，每年的头茬刈割时间特别重要，适时刈割可提高后茬产量和品质。放牧时需要控制强度以维持草地的持久性。

阿索斯鸭茅主要营养成分表（以干物质计）

收获期	CP (%)	EE (g/kg)	CF (%)	NDF (%)	ADF (%)	CA (%)	Ca (%)	P (%)
抽穗期	21.1	26.0	23.9	48.3	25.8	10.8	0.40	0.29

注：由农业部全国草业产品质量监督检验测试中心提供。

CP：粗蛋白，EE：粗脂肪，CF：粗纤维，NDF：中性洗涤纤维，ADF：酸性洗涤纤维，CA：粗灰分，Ca：钙，P：磷。

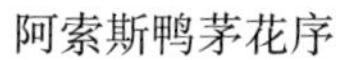

阿索斯鸭茅花序

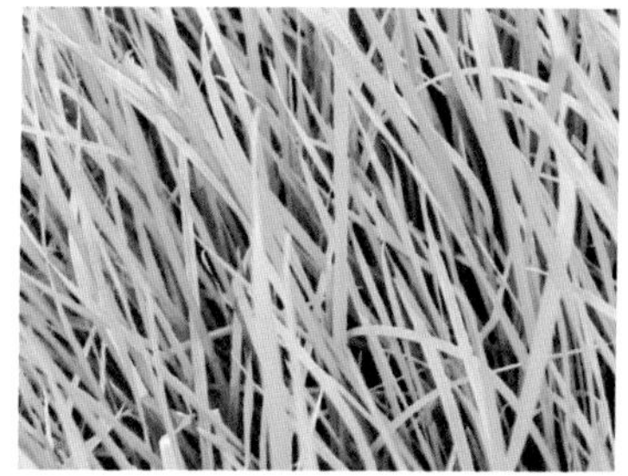

阿索斯鸭茅叶片

14. 皇冠鸭茅

皇冠鸭茅（*Dactylis glomerata* L. ‘Crown Royale’）是20世纪90年代在加拿大渥太华经过多世代群体选育而成的，育种材料主要来自一些生态型植株，选育目标是春季生长早、再生性好、干物质产量高、抗病和持久性好的中晚熟品种。由克劳沃（北京）生态科技有限公司从加拿大Ag-vision Seeds Ltd. 公司引进，于2015年8月19日通过品种审定，登记号485。该品种是抗寒性好的中晚熟品种，适应性强，丰产性好。多年多点比较试验证明，平均干草产量11 205 kg/hm^2，最高年份干草产量13 806kg/hm^2。

一、品种介绍

禾本科鸭茅属多年生疏丛型禾草。须根系，密布于10～30cm的土层内。秆直立，高70～120cm。叶色浓绿，叶片在芽中呈折叠状，横切面呈“V”形，基生叶丰富，叶片长而软，叶面及边缘粗糙；无叶耳，叶舌明显，膜质；叶鞘封闭，压扁呈龙骨状。圆锥花序，长 10～20cm。小穗着生在穗轴的一侧，密集成球状，簇生于穗轴的顶端，长 8～9mm，每小穗含 3～5 个小花。颖不等长，背部突起成龙骨状，外稃顶端具短芒。种子长 6～7mm，千粒重 1.08g。

喜温凉湿润气候，耐热、耐旱、耐阴，抗寒、抗病。适应范围广泛，适合多种土壤，尤其是较黏重土壤。耐热和耐寒能力都强于多年生黑麦草。抗病性较好，尤其高抗各种锈病和白粉病。春季生长快，再生性很好，产草量高，一年可刈割 5～6 次，产草量高，持久性好。营养品质好，各种家畜都喜食，可刈割放牧兼用。对氮肥反应敏感，高水肥可显著提高产草量。

耐荫能力强，可种植于果树底下，建立果园草地，提高土地利用率。

二、适宜区域

适宜在我国温带地区种植。气温 10～28℃为最适生长温度，在 30℃以上时，发芽率降低，生长缓慢。昼夜温差过大对鸭茅不利，以昼温 22℃、夜温 12℃最好。在我国的云贵高原、四川盆地、华北、西北、东北和华中地区均有种植，适应性广泛。

三、栽培技术

（一）选地

该品种适应的土壤范围较广，在肥沃的壤土和黏土上生长最好。大面积种植时应选择较开阔平整的地块，以便机械作业。进行种子生产要选择光照充足、利于花粉传播的地块。

（二）土地整理

种子细小，需要精细整地。清除完地里的残茬、杂草和杂物后，深翻耕细平整。杂草严重的情况下需采用除草剂处理。结合翻耕施足基肥（有机肥 15 000～30 000kg/hm^2，或复合肥 450～600kg/hm^2）。在土壤黏重、降雨较多的地区要开挖排水沟。

（三）播种技术

北方春播于 4 月中下旬，秋播不晚于 9 月。南方省区春秋季均可播种，但以秋播为好，春播以 3 月下旬为宜，秋播不迟于 9 月下旬。

单播行距 15～30cm，播种深度 1cm，播种量为 12～25kg/hm^2。与三叶草等豆科牧草混播时，播量 4～8kg/hm^2。与红三叶、白三叶、多年生黑麦草、羊茅混播建立优质人工草地时，采用撒播，禾本科草与豆科草的比例为 7∶3，灌溉区的撒播量为 8.5～10.5kg/hm^2，旱作区为 11～12kg/hm^2。播种宜浅，稍加覆土即可。

（四）水肥管理

幼苗期应加强管理，适当中耕除草，施肥灌溉。每次刈割后都宜适当追肥，特别是氮肥尤为重要，通常需追施速效氮肥 75～150kg/hm^2。分蘖、拔节、孕穗期或冬春干旱时，有条件的地方要适当沟灌补水。

（五）病虫杂草防控

病害主要有禾草霜霉病、锈病、叶斑病和条纹病等，均可参照防治真菌性病害方法进行处理，锈病的防治可喷施粉锈宁、代森锰锌等。

虫害主要有蝗虫类、草原毛虫类、蛴螬、蝼蛄类和夜蛾类等，可用低毒、低残留药剂进行喷洒，地下害虫蛴螬对根具有危害，可用饵料进行诱杀。

适宜的刈割时间是抽穗初期，这一时期是品质和产量都较好的阶段，每年的头茬刈割时间特别重要，适时刈割可有效提高后茬产量和品质，留茬以 8～10cm 为宜。

四、生产利用

草质柔软，牛、马、羊、兔等均喜食，幼嫩时可用以喂猪。叶量丰富，可用于放牧或制作干草，也可青饲或制作青贮料。营养价值高，其营养成分会随其成熟度而下降。第一茬在抽穗初期进行刈割，可获得最佳营养价值，每年可刈割5～6次。在南方低海拔丘陵地区，6月前应停止刈割，以利安全越夏，在北方地区，霜冻前一个月停止刈割，以利越冬。

可青饲、青贮或调制干草。在南方多雨地区，主要作为鲜草利用或青贮储藏，在北方干燥地区多调制成干草利用。

皇冠鸭茅主要营养成分表（以干物质计）

收获期	CP (%)	EE (g/kg)	CF (%)	NDF (%)	ADF (%)	CA (%)	Ca (%)	P (%)
抽穗期	21.7	25.0	25.0	47.7	25.8	8.4	0.37	0.29

注：由农业部全国草业产品质量监督检验测试中心提供。

CP：粗蛋白，EE：粗脂肪，CF：粗纤维，NDF：中性洗涤纤维，ADF：酸性洗涤纤维，CA：粗灰分，Ca：钙，P：磷。

皇冠鸭茅群体

皇冠鸭茅单株

皇冠鸭茅花序

15. 英都仕鸭茅

英都仕鸭茅（*Dactylis glomerata* L. ‘Endurance’）是丹农美国公司于2001年在美国育成的早熟品种，育种编号IS-OG28，育种材料源于品种Hallmark。该品种产量高，持久性出色，春季的头茬产量特别高，再生草叶量大，适口性好，消化率高，植株直立开放生长，混播融合性优于苇状羊茅，能与多种禾草和豆科牧草混播，具有耐寒和抗病能力突出，抗旱，耐荫和适应性广等特点。于2005年在美国注册为审定品种，并列入经济合作与发展组织（OECD）推荐品种名录。于2005年由云南农业大学引进国内，并于2015年8月19日登记，登记号486。具有显著丰产性，平均年干草产量8 937kg/hm^2，最高年份干草产量13 876kg/hm^2。

一、品种介绍

多年生疏丛禾草，须根系，植株高度60～140cm，每丛平均分蘖50～70个，直立。叶片蓝绿色，叶量大，叶片长

15～25cm，中脉突出，断面“V”形。圆锥花序开展，长10～15cm，每小穗含小花3～5朵。种子长3.0～4.5mm，外稃具短芒，千粒重0.8～1.0g。

属冷季型牧草，秋播生育期280d左右，适合年降水量600～1 500mm，气候温和地区种植。最适生长气温为昼夜22/12℃，抗寒和耐旱能力较好，气温高于28℃以上生长受阻，但其耐热和耐寒能力都强于多年生黑麦草。具出色的耐荫能力，适合林下种植。适合多种土壤，尤其较黏重土壤，耐酸但不耐盐碱，对氮肥反应敏感。

种植当年生长较慢，次年开始产量很高，每年可割草3～5次，再生快，在适合的气候和管理条件下可利用5～8年或更长。西南地区适宜秋季9—11月份播种，播种后10～15d出苗，次年3月底进入分蘖期，4月中下旬进入拔节期，6月底孕穗，7月进入完熟期，秋播生育期约280d，属于早熟品种。

二、适宜区域

喜温暖湿润气候，如南方海拔600～3 000m，降水600～1 500mm，年均气温<18℃的温暖湿润山区，最适生长温度为10～28℃；北方气候湿润温和地区也可种植；果园等有遮荫地区种植可获得较其他牧草更高的产量。

三、栽培技术

（一）选地

鸭茅对土壤类型要求不严，偏酸和黏重土壤也能耐受，适合除盐碱土以外的所有土壤类型。

（二）土地整理

种子细小，苗期长势弱，播前需要精细整地，使土地平整，土壤细碎，保持良好的土壤水分。结合翻耕，宜施用充足的有机肥作底肥，如有机肥料 22.5kg/hm^2，或复合化肥 450kg/hm^2。由于耐荫能力强，也可在果园等林下种植，其在全日照 1/3 条件下产量不受明显影响，最高能耐受全日照 1/2 的遮荫。

（三）播种技术

种子为不耐贮藏的短寿命种子，不宜越年存放，最好放置低温干燥库房。可春播或秋播，秋播更利于控制苗期杂草。在长江流域及以南地区秋播为宜，播期为 9—11 月，北方秋播不应晚于 8 月底。

一般采用条播或撒播，播深 1～2cm，沙性土壤的播种深度宜深，黏性土壤的播深要浅，以利出苗。播量 15～20kg/hm^2。混播按比例酌减，一般是单播播量的 1/3～1/2。常与其混播的禾本科草种主要有多年生黑麦草、羊茅黑麦草或苇状羊茅等，豆科牧草如紫花苜蓿、红三叶和白三叶等。

（四）水肥管理

苗期和播种当年生长缓慢，苗期结合中耕松土及时除杂草，及时查苗补缺。对山区草地，控制杂草的最有效方式是适当提前放牧或割草利用。

施用氮肥可有效增加产量和蛋白质含量，提高牧草消化率。在一定的范围内，氮肥用量与产量成正比，有试验证明，每公顷施氮量达到 562.5kg 时，最高产量可达18 000kg/hm^2，而更高的施肥量反而会降低产量。种肥可施纯氮 55.5kg/hm^2，在生长季节，可每月追施纯氮 55.5kg/hm^2，或每次刈割或放牧后可施尿素 50～100kg/hm^2。在微酸性土壤种植时种肥还应施磷肥 150～225kg/hm^2。当与豆科牧草混播时，加大氮肥使用量能减少豆科牧草的比例。

我国南方即使在年降水 800mm 以上的地区，很多地区也存在季节性干旱，鸭茅虽然比较耐旱，但对水分条件比较敏感，需要时适当灌水可明显增产。炎热夏季适当灌溉还可降低地温，利于越夏。

（五）病虫杂草防控

在合理的管理利用下病虫害较少，最常见的病害是锈病、叶斑病、条纹病和纹枯病等，一般在多雨潮湿条件下易发，新品种的抗病性明显优于老品种。锈病的发生常与草层密度过高和收获不及时发生倒伏密切相关。应对病虫害的主要措施是采用新育成的高抗逆性新品种并加强田间水肥管理，一旦有病虫害发生，主要是提前割草或提高放牧强度来加以控制。

四、生产利用

营养价值高，适口性好，可青饲、青贮或调制干草，也可放牧利用，应选择抽穗前或抽穗期刈割，以获得最佳消化率，留茬高度以 8～10cm 为宜。放牧选择株高 20～30cm 开始，春季首次利用宜早，能显著抑制牧草抽穗，延长营养生长时间。一般每年可利用 3～5 次。

与调制干草相比较，青贮可将饲草的损失由 50%降低到只有 5%，用于沟渠青贮或堆青贮的适宜含水量是 70%，直立青贮窖为 50%，密封青贮为 40%～60%，而拉伸膜青贮的适宜含水量是 55%～70%。抽穗前到抽穗期割草，每年的头茬刈割时间特别重要，适时刈割可提高后茬产量和品质。放牧时需要控制强度以维持草地的持久性。

英都仕鸭茅主要营养成分表（以干物质计）

收获期	CP（%）	EE（g/kg）	CF（%）	NDF（%）	ADF（%）	CA（%）	Ca（%）	P（%）
抽穗期	23.0	20.0	24.2	46.4	25.6	8.9	0.28	0.31

注：由农业部全国草业产品质量监督检验测试中心提供。

CP：粗蛋白，EE：粗脂肪，CF：粗纤维，NDF：中性洗涤纤维，ADF：酸性洗涤纤维，CA：粗灰分，Ca：钙，P：磷。

英都士鸭茅群体

英都士鸭茅单株

英都士鸭茅叶片

英都士鸭茅花序

16. 阿鲁巴鸭茅

阿鲁巴鸭茅（*Dactylis glomerata* L. ‘Aldebaran’）是丹农公司丹麦育种中心利用法国品种‘Lutecia’和波兰品种为亲本，杂交选育成的晚熟鸭茅品种。于 2004 年由四川农业大学和丹麦丹农种子股份公司（DLF）引入，于 2016 年由四川农业大学登记，登记号为 500。该品种晚熟，生长期长，平均干草产量为 8 946kg/hm^2，最高达 12 000kg/hm^2 以上。

一、品种介绍

多年生草本，植株高度 90～110cm，直立。叶片蓝绿色，叶量大，叶片长 15～25cm，中脉突出，断面“V”形。圆锥花序开展，长 10～15cm，每小穗含小花 3～5 朵。种子长 3.0～4.5mm，外稃具短芒，千粒重 1g 左右。

晚熟型品种，具有产量高，持久性好，产量季节分布均衡，叶量大，适口性好，消化率高，抗旱，抗病，耐寒，耐荫，适应性好，分蘖多和混播融合性好等特点。生育期

300d左右（秋播）。种植当年生长较慢，平均分蘖45～60个，次年开始产量很高，每年可割草4～6次，再生速度快，可利用5～8年或更长。

属冷季型牧草，适合年降水量600～1 500mm、气候温和地区种植。最适生长气温为昼夜21/12℃，抗寒和耐旱能力都较好，气温高于28℃以上生长受阻，但其耐热和耐寒能力都强于多年生黑麦草，耐荫性好，在全光照一半的条件下产量仍不受影响，适宜林下种植。适应多种土壤，尤其是较黏重土壤，耐酸但不耐盐碱，对氮肥反应敏感。

二、适宜区域

最适宜于南方海拔600～1 800m、降水量600～1 500mm的亚热带丘陵山区种植，北方冬季气候温和地区也可种植。

三、栽培技术

（一）选地

鸭茅适合多种土壤，但不耐盐碱，耐荫性好，可在林下种植。

（二）土地整理

由于种子较小，苗期生长慢，播前需精细整地，并除掉杂草，贫瘠土壤施用底肥可显著增产。

（三）播种技术

鸭茅可春播或秋播，秋播 9—11 月为宜；宜条播，行距 30cm 左右，播种深度 1～2cm，播种量为 18.75～22.25kg/hm^2。与三叶草等豆科牧草混播时，播量 10～13kg/hm^2。

（四）水肥管理

在苗期要结合中耕松土及时除尽杂草。每刈割 2～3 次或放牧后可施尿素 60～100kg/hm^2。分蘖、拔节、孕穗期或冬春干旱时，有条件的地方要适当沟灌补水。

（五）病虫杂草防控

病虫害较少。

四、生产利用

适合的割草时间为抽穗初期，是品质和产量都较好的阶段，每年的头茬刈割时间特别重要，适当提前可有效提高后茬产量和品质，留茬以 5cm 为宜。

阿鲁巴鸭茅主要营养成分表（以干物质计）

收获期	CP（%）	EE（g/kg）	CF（%）	NDF（%）	ADF（%）	CA（%）	Ca（%）	P（%）
抽穗期[a]	17.0	38.0	27.5	57.1	31.6	8.0	0.32	0.21
抽穗期[b]	21.6	4.34	25.93	—	34.83	8.26	0.46	0.37

注：a 数据由农业部全国草业产品质量监督检验测试中心提供；

b 数据由四川省农科院检验测试中心提供。

CP：粗蛋白，EE：粗脂肪，CF：粗纤维，NDF：中性洗涤纤维，ADF：酸性洗涤纤维，CA：粗灰分，Ca：钙，P：磷。

阿鲁巴鸭茅群体

阿鲁巴鸭茅花序

17. 斯巴达鸭茅

斯巴达鸭茅（*Dactylis glomerata* L. ‘Sparta’）是丹农公司丹麦育种中心利用来自德国和斯堪的纳维亚的品系为亲本，于20世纪60年代开始杂交选育，以持久性和抗病性为目标选育而成。1980年注册为丹麦国家推荐品种。目前已在法国、英国、比利时和俄罗斯等多国注册。2005年由云南省草山饲料工作站和云南农业大学引进，2016年7月21日登记，登记号为501。该品种叶量大，草质柔软，耐旱抗寒，耐荫性好，可利用期长，春季产量和总产量都有优势，具持久性好和抗锈病等优点。多年多点比较试验证明，斯巴达鸭茅平均年干草产量8 379kg/hm^2，最高年份干草产量15 084kg/hm^2。

一、品种介绍

禾本科鸭茅属多年生疏丛禾草，须根系，植株高度80～110cm，直立，平均分蘖数50～70个。叶片蓝绿色，叶片长15～25cm，中脉突出，断面“V”形。圆锥花序开展，长 10～15cm，每小穗含小花 3～5 朵。种子长 3.0～4.5mm，外稃具短芒，千粒重 0.8～1.0g。

冷季型牧草，最适生长气温为昼夜 22/12℃，气温高于 28℃以上生长受阻，但其耐热和耐寒能力强于多年生黑麦草，具出色的耐荫能力，适合林下种植。适合多种土壤，尤其较黏重土壤，耐酸但不耐盐碱，对氮肥反应敏感。

该品种属于中晚熟型品种，分蘖多和混播融合性好，持久高产，产量季节分布均衡。在南方地区，一般 9 月下旬播种，8～10d 出苗，次年 3 月分蘖，4 月上中旬拔节，4 月底孕穗，7 月种子成熟，生育期 281d 左右。种植当年生长较慢，次年生长迅速，年可刈割 4～5 次，再生快，在适合气候和管理条件下可利用 5～8 年或更长。

二、适宜区域

喜温暖湿润气候，最适宜在适合海拔 600～3 000m、降水 600～1 500mm、年均气温＜18℃的地区种植；在北方气候湿润温和地区也可种植。

三、栽培技术

（一）选地整地

该品种对土壤要求不严，适合除盐碱土以外的所有土壤类型，也可果园等林下种植，由于耐荫能力强，在全日照1/3条件下产量不受明显影响，最高能耐受全日照1/2的遮荫。因种子细小，苗期长势弱，播前需要精细平整土地，使土壤细碎，保持良好的水分。结合翻耕，宜施充足的有机肥作底肥，如有机肥料（腐熟羊粪肥等）22.5kg/hm^2，或复合化肥450kg/hm^2。

（二）播种技术

1. 播种期

可春播或秋播，秋播更利于控制苗期杂草。在长江流域及以南地区秋播为宜，播期9～11月，北方秋播不应晚于8月底。

2. 播种量和方式

一般采用条播或撒播，播种量15～20kg/hm^2，播深1～2cm，沙性土壤的播种深度宜稍深，黏性土壤的播深要浅，以利出苗。混播按比例酌减，一般是单播播量的1/3～1/2。常与鸭茅混播的禾本科草种主要有多年生黑麦草、羊茅黑麦草或苇状羊茅等，豆科牧草有紫花苜蓿、红三叶和白三叶等。

（三）水肥管理

“斯巴达”鸭茅需肥较多，施用氮肥可有效增加其产量和蛋白质含量，提高消化率。种肥用量为纯氮55.5kg/hm^2，在微酸性土壤种植时还应施磷肥150～225kg/hm^2。生长季节，每月追施纯氮55.5kg/hm^2，或每次利用后补施尿素

50～100kg/hm^2。混播草地中，施氮能调节豆科和禾本科牧草的比例，当用氮量增加时豆科牧草的比例会下降。

在我国南方，即使年降水 800mm 以上的地区也存在季节性干旱，该品种虽然比较耐旱，但对水分条件比较敏感，而适当灌水可明显增产。在炎热夏季灌溉不但能降低地温，而且利于越夏。

（四）病虫害杂草防控

播种当年，“斯巴达”鸭茅生长缓慢，结合中耕松土及时防除杂草，同时查苗补缺。在山区建植的鸭茅草地，提前放牧或割草利用是控制杂草的有效方式。

在合理的管理利用下病虫害较少，最常见的病害是锈病、叶斑病、条纹病和纹枯病等，一般在多雨潮湿、草层密度过高或收获不及时发生倒伏时容易发生，可通过提前刈割或提高放牧强度来加以控制。

四、生产利用

“斯巴达”鸭茅是优质的禾本科牧草，营养丰富，适口性好，消化率高。

可青饲、青贮或调制干草，也可放牧利用。如青饲，应选择抽穗前或抽穗期刈割，以获得最佳消化率，留茬高度以 8～10cm 为宜。放牧选择株高 20～30cm 开始，春季首次利用宜早，能显著抑制牧草抽穗，延长营养生长时间。一般每年可利用 3～5 次。

斯巴达鸭茅主要营养成分表（以干物质计）

收获期	CP（%）	EE（g/kg）	CF（%）	NDF（%）	ADF（%）	CA（%）	Ca（%）	P（%）
抽穗期	15.9	41.0	24.5	54.3	29.9	11.8	0.45	0.23

注：数据由农业部全国草业产品质量监督检验测试中心提供；

CP：粗蛋白，EE：粗脂肪，CF：粗纤维，NDF：中性洗涤纤维，ADF：酸性洗涤纤维，CA：粗灰分，Ca：钙，P：磷。

斯巴达鸭茅群体

斯巴达鸭茅单株

斯巴达鸭茅叶片

斯巴达鸭茅花序

18. 图兰朵多年生黑麦草

图兰朵多年生黑麦草（*Lolium perenne* L.‘Turandot’）是丹农育种中心以 *Meltra*，*Toave* 和 *Condesa* 等多年生黑麦草品种为亲本材料，以抗寒耐湿、抗病性（特别是锈病）、高密度、田间竞争能力强和产量高为主选性状培育而成的四倍体中晚熟品种。经欧洲多国多年试验评测，2001 年在国际植物新品种保护联盟（UPOV）和经济合作与发展组织（OECD）注册。四川省凉山彝族自治州畜牧兽医研究所 2005 年开始引种试验，于 2015 年 8 月 19 日审定通过，登记号 488。该品种具有产草量高、再生快、抗锈病和叶斑病等特性。多年多点比较试验证明，平均干草产量 6～11t/hm^2。

一、品种介绍

黑麦草属多年生疏丛禾草，须根系，株高 60～110cm，叶量大，分蘖数多。叶片深绿有光泽，长 10～18cm。穗状花序，长 15～30cm，每小穗含小花 7～11 朵。种子长 4～7mm，外稃无芒，千粒重 2.8～3.1g。体细胞染色体组为四倍体。

冷季型牧草，喜温暖湿润气候，27℃以下为适宜生长温度，35℃以上生长不良，−15℃以下不能越冬，不耐严寒酷暑，不耐荫。适合年降水量800～1 500mm的气候温和地区种植。图兰朵多年生黑麦草适合多种土壤种植，尤其喜欢肥沃、湿润、排水良好的壤土或黏土。略耐酸，适宜土壤pH 6～7，不宜在沙土或湿地上种植，对水分和氮肥反应敏感。年可割草4～6次，再生快，在适宜地区可利用3～5年。

在西南地区适宜秋季9月份播种，播后种子在日夜温度达到15/2.3℃至35/22.4℃范围内可正常萌发，但温度过高时发芽率降低。在6.7～18.5℃范围内随温度升高，其生长速度呈上升趋势，但高于此范围则生长开始变慢。一般播后6～8d出苗，次年3月中旬拔节，6月初抽穗，7月初种子成熟，生育期280d左右。

二、适宜区域

适宜长江流域及以南，海拔800～2 500m、降水700～1 500mm、年平均气温<14℃的温暖湿润山区种植。

三、栽培技术

（一）选地

播前需要精细整地，使土地平整，土壤细碎，保持良好的土壤水分。结合翻耕，宜施用充足的有机肥作底肥，如有机肥料（腐熟羊粪肥等）22.5kg/hm^{2}或复合化肥 450kg/hm^2。适宜种植地块土壤 pH 5～8，最适范围是 pH 6～7，且要有足够的磷和钾，如与豆科牧草混播时，土壤中磷钾的水平更为重要。

（二）播种技术

1. 播种期

在长江流域及以南地区秋播为宜，播期 9—11 月。多年生黑麦草早期生长相对较快，如温度和水分适宜，在初冬和早春即可提供家畜饲草。另外，秋季播种更利于控制苗期杂草。

2. 播种量和方式

一般采用条播或撒播，行距 15～20cm，播深 1.5～2cm，黏性土壤的播种深度要浅些，以利出苗。播量 20～30kg/hm^2。如混播，按比例酌减，一般是单播播量的 1/3～1/2。

（三）水肥管理

施用氮肥可有效增加图兰朵多年生黑麦草产量和蛋白质含量，减少纤维素中难以被反刍动物消化的半纤维素含量。在每年氮肥用量少于 336kg/hm^{2}的范围内，每千克氮肥可生产黑麦草干物质 24.2～28.6kg，粗蛋白 4kg。种肥可施纯氮 55.5kg/hm^2，以后在生长季节，可每月追施纯氮 55.5kg/hm^2，或每次刈割或放牧后可施尿素 50～100kg/hm^2。在微酸性土壤种植时种肥还应施磷肥 150～225kg/hm^2。

（四）病虫害杂草防控

苗期结合中耕松土及时去除杂草，并及时查苗补缺。对山区草地，控制杂草的最有效方式是适当提前放牧或割草利用。

我国南方即使在年降水 800mm 以上的地区，也存在季节性干旱，而黑麦草对水分条件的反应非常敏感。在分蘖、拔节和抽穗期适当灌水可明显增产，研究表明每立方米水可增产干物质 1～2kg。炎热夏季适当灌溉还可降低地温，利于越夏。

该品种在合理的管理利用下病虫害较少。最常见的病害是锈病，一般在多雨潮湿条件下易发，新品种的抗病性明显优于老品种。锈病的发生常与草层密度过高和收获不及时发生倒伏密切相关。由于牧草通过家畜的转化最终成为人类的食品，目前国外畜牧业发达国家不主张使用农药防控病虫害，即使是低毒低残留类型的也不主张。应对病虫害的主要措施是适时采用新育成的高抗逆性新品种并加强田间水肥管理，一旦有病虫害发生，主要是提前割草或加强放牧强度加以控制。

四、生产利用

该品种的营养价值高，适口性好，可青饲、青贮或调制干草，也可放牧利用。应选择抽穗前或抽穗期刈割，株高15～20cm时刈割可以获得最佳消化率，留茬高度以5cm为宜。再次利用间隔3～4周。放牧选择株高20～30cm开始，而刈割一茬后利用再生草放牧，会更耐践踏。

由于多年生黑麦草的春季产量主要集中在3月、4月和5月初，短时间内可提供大量饲草，所以饲草存储显得更为重要。与调制干草相比较，青贮可将饲草的损失由50%降低到5%。多年生黑麦草青贮时适宜含水量：青贮沟渠或堆青贮为70%，直立青贮窖青贮为50%，密封青贮为40%～60%，而拉伸膜青贮55%～70%。可在抽穗前到抽穗期割草，留茬5cm。每年的头茬时间特别重要，适时刈割可提高后茬草产量和品质。控制适当放牧强度以维持持久性。

该品种富含可溶性糖分，适口性好，消化率高，适于放牧或刈割利用，是优质的禾本科牧草。

图兰朵多年生黑麦草主要营养成分表（以干物质计）

收获期	CP (%)	EE (g/kg)	CF (%)	NDF (%)	ADF (%)	CA (%)	Ca (%)	P (%)
株高约45cm时的营养生长期	21.7	27.0	23.3	44.2	25.0	11.8	0.43	0.17

注：数据由农业部全国草业产品质量监督检验测试中心提供。

CP：粗蛋白，EE：粗脂肪，CF：粗纤维，NDF：中性洗涤纤维，ADF：酸性洗涤纤维，CA：粗灰分，Ca：钙，P：磷。

图兰朵多年生黑麦草单株

图兰朵多年生黑麦草花序

19. 肯特多年生黑麦草

肯特多年生黑麦草（*Lolium perenne* L. ‘Kentaur’）是 20 世纪 90 年代末在丹农捷克育种中心选育的四倍体中晚熟品种，利用育种站基因圃材料中持久和健壮的晚熟品系，在冬季严寒积雪，夏季干热的条件下进行杂交和选育而成。经欧洲多个国家的多年试验证明，肯特多年生黑麦草具有产量高，品质好，致密持久和抗性好等特点。肯特多年生黑麦草已在捷克、波兰、德国和法国等多个国家注册为推荐品种，并列入经济合作与发展组织（OECD）推荐品种名录。肯特多年生黑麦草于 2005 年由贵州省草业研究所和贵州省畜牧兽医研究所引进国内，并于 2015 年 8 月 19 日登记，登记号 489。该品种具有显著丰产性，多年多点比较试验证明，平均干草产量10 896kg/hm^2，最高年份干草产量23 291 kg/hm^2。

一、品种介绍

多年生疏丛禾草，须根系，株高 60～110cm，叶量大，分蘖数多。叶片深绿有光泽，长 10～18cm。穗状花序，长 15～30cm，每小穗含小花 7～11 朵。种子长 4～7mm，外稃无芒，千粒重 2. 8～3. 1g。体细胞染色体组为四倍体。

属冷季型牧草，喜温暖湿润气候，27℃以下为适宜生长温度，35℃以上生长不良，－15℃以下不能越冬，不耐严寒酷暑，不耐荫。适合年降水量 800～1 500mm，气候温和地区种植。适合多种土壤，略耐酸，适宜土壤 pH 6～7，对水分和氮肥反应敏感。每年可割草 4～6 次，再生快，在温和湿润气候地区可利用 3～5 年。

在西南地区适宜 9 月份播种，播种后 6～8d 出苗，次年 3 月中旬拔节，6 月初抽穗，7 月初种子晚熟，生育期分别为 250～280d，属于中晚熟品种。

二、适宜区域

长江流域及以南，海拔 800～2 500m、降水 700～1 500mm、年平均气温＜14℃的温暖湿润山区种植。适宜在土壤肥沃、湿润，排水良好的壤土或黏土上种植，亦可在微酸性土壤上生长，适宜的 pH 为 6～7，但不宜在沙土或湿地上种植。

三、栽培技术

（一）选地

播前需要精细整地，使土地平整，土壤细碎，保持良好的土壤水分。结合翻耕，宜施用充足的有机肥作底肥，如有机肥料(腐熟羊粪肥等)22.5kg/hm^2，或复合化肥450kg/hm^2。可适应pH 5～8的土壤，最适范围是pH 6～7。土壤要有足够的磷和钾，与豆科牧草混播时，土壤中磷钾的水平更为重要。

（二）播种时间和播量

可春播或秋播，秋播更利于控制苗期杂草。该品种早期生长较其他牧草为快，秋播后如天气温暖，在初冬和早春即可生产相当饲草。在长江流域及以南地区秋播为宜，播期9—11月，一般次年春季可开始利用。

一般采用条播或撒播，行距15～20cm，播深1.5～2cm，沙性土壤的播种深度要深，黏性土壤的播种深度要浅，以利出苗。播量20～30kg/hm^2。混播按比例酌减，一般是单播播量的1/3～1/2。

播种后在日/夜温度达到15/2.3℃至35/22.4℃范围内可正常萌发，但温度过高时发芽率反而降低。在6.7～18.5℃范围内随温度升高，其生长速度呈上升趋势，但高于此范围则生长开始变慢。在适宜的条件下，播后 5～7d 出苗。

（三）田间管理

苗期结合中耕松土及时除尽杂草，及时查苗补缺。对山区草地，控制杂草的最有效方式是适当提前放牧或割草利用。

施用氮肥可有效增加产量和蛋白质含量，减少纤维素中难以被反刍动物消化的半纤维素含量。在每年氮肥用量少于 336kg/hm^2 的范围内，每千克氮肥可生产干物质 24.2～28.6kg，粗蛋白 4kg。种肥可施纯氮 55.5kg/hm^2，以后在生长季节，可每月追施纯氮 55.5kg/hm^2，或每次刈割或放牧后可施尿素 50～100kg/hm^2。在微酸性土壤种植时种肥还应施磷肥 150～225kg/hm^2。

我国南方即使在年降水量 800mm 以上的地区，也存在季节性干旱，而多年生黑麦草对水分条件的反应非常敏感，在分蘖、拔节和抽穗期适当灌水可明显增产。研究表明每立方米水可增产干物质 1～2kg。炎热夏季适当灌溉还可降低地温，利于越夏。

多年生黑麦草在合理的管理利用下病虫害较少，最常见的病害是锈病，一般在多雨潮湿条件下易发，新品种的抗病性明显优于老品种。锈病的发生常与草层密度过高和收获不及时发生倒伏密切相关。由于牧草通过家畜的转化最终成为人类的食品，目前国外畜牧业发达国家不主张使用农药防控病虫害（即使是低毒低残留类型的）。应对病虫害的主要措施是适时采用新育成的高抗逆性新品种，并加强田间水肥管理，一旦有病虫害发生，主要是提前割草或加强放牧强度加以控制。

四、生产利用

该品种的营养价值高，适口性好，可青饲、青贮或调制干草，也可放牧利用，应选择抽穗前或抽穗期刈割，株高15～20cm时刈割可以获得最佳消化率，留茬高度以5cm为宜。再次利用间隔3～4周。

放牧选择株高20～30cm开始，而刈割一茬后利用再生草放牧，会更耐践踏。

由于多年生黑麦草的春季产量主要集中在3月、4月和5月初，短时间内可提供大量饲草，所以饲草存储显得更为重要。与调制干草相比较，青贮可将饲草的损失由50%降低到5%。多年生黑麦草青贮时适宜含水量：青贮沟渠或堆青贮为70%，直立青贮窖青贮为50%，密封青贮为40%～60%，而拉伸膜青贮为55%～70%。抽穗前到抽穗期割草，留茬5cm。每年的头茬时间特别重要，适时刈割可提高后茬产量和品质。控制适当放牧强度可维持持久性。

该品种富含可溶性糖分，适口性好，消化率高，适于放牧或刈割利用。

肯特多年生黑麦草主要营养成分表（以干物质计）

收获期	CP 粗蛋白 （%）	EF 粗脂肪 （g/kg）	CF 粗纤维 （%）	NDF （%）	ADF （%）	CA （%）	Ca （%）	P （%）
株高约45cm时的营养生长期	20.4	16.0	30.5	49.2	29.1	12.8	0.54	0.25

注：数据由农业部全国草业产品质量监督检验测试中心提供。

CP：粗蛋白，EF：粗脂肪，CF：粗纤维，NDF：中性洗涤纤维，ADF：酸性洗涤纤维，CA：粗灰分，Ca：钙，P：磷。

肯特多年生黑麦草单株

肯特多年生黑麦草群体

20. 格兰丹迪多年生黑麦草

格兰丹迪多年生黑麦草（*Lolium perenne* L. 'Grand Daddy'）是以产草量、持久性和抗锈病等性状为目标培育而成的新品种，北京克劳沃种业科技有限公司 2002 年从美国 Smith Seed Services LLC 公司引进，2015 年 8 月 19 日通过全国草品种审定委员会审定登记，登记号为 490。该品种适应性强，丰产性好，利用价值高。国家多年多点区域试验证明，格兰丹迪多年生黑麦草平均年干草产量 10 630kg/hm^2，最高年份干草产量达 24 912kg/hm^2。

一、品种介绍

四倍体中晚熟品种。具细弱的根状茎，丛生成疏丛型，质地柔软，基部斜卧，株高 85～100cm。分蘖多，栽培条件下单株可达 300 余个；叶量丰富，叶舌短小，叶长 15～35cm，叶宽 0.8～1.0cm，叶色深绿，柔软亮泽。穗状花序长 10～30cm，小穗含 8～15 个小花，颖短于小穗，外稃披针形，具 5 脉，顶端无芒，内外稃等长，千粒重约 2.15g。

生育期 265～270d，再生能力强，抽穗期整齐，成熟期一致。

喜温凉湿润气候，适于夏季凉爽、冬季不太寒冷，年降水量 1 000～1 500mm 的地区生长。生长最适气温为 20℃，10℃时亦能较好生长。不耐炎热，气温在 35℃以上时，生长良好，高于 39℃时，分蘖枯萎或全株死亡。综合抗病能力强，高抗锈病、叶斑病和白粉病。较耐寒、抗旱，幼苗能耐 1～3℃低温。对土壤的适应能力强，耐瘠薄，耐酸性土壤，抗倒伏，适宜的土壤 pH 为 6～7。

二、适宜区域

适宜范围广，但在我国西南和华南海拔 600～1 500m、降水量 1 000～1 500mm 的地区种植生长最为良好，可为这些地区冬春季节家畜提供最好的饲草供给。

三、栽培技术

（一）选地

格兰丹迪多年生黑麦草对土壤要求比较严格，喜肥不耐瘠，最适宜在排灌良好，肥沃、湿润的黏土或黏壤土栽培。因此播种该品种的地块应尽量选择排水良好、中性、肥沃、湿润的黏土或壤土。

（二）土地整理

种子细小，需要深耕精细整地。播种前清除地面上残茬、杂草、杂物，耕翻、平整土地。杂草严重时可采用除草剂处理后再翻耕。在土壤黏重、降雨较多的地区要开挖排水沟。结合翻耕施腐熟农家肥 15 000～30 000kg/hm²，或复合肥 600～750kg/hm²。

（三）播种技术

1. 播种期

以早秋播种为宜，即 9 中旬为宜，也可推迟至 10 月份。春播不得晚于 3 月中旬。

2. 播种量和播种方式

单播，播种量以 15～22.5kg/hm² 为宜。混播时，格兰丹迪多年生黑麦草播量占 70%，大约 25～30kg/hm²，其他豆科草占 30%。条播或撒播。条播行距以 30cm 为宜，播后用细土覆盖种子，覆土深度约 1.5～2cm，然后浇水，保持土壤湿润，便于种子发芽和幼苗生长。人工草地宜撒播，播种量适当增加。也可与红三叶、白三叶等豆科牧草混播，以提高草地质量。

（四）水肥管理

该品种早期生长较其他多年生牧草快，对水肥敏感，要求水肥充足，才能保证高的产草量。在苗期开始分蘖时应追施一定量的氮肥促其分蘖。早期放牧或刈割能促进分蘖、控制杂草。但放牧不可过重，应用幼畜轻放，初次放牧的时间应在幼苗用手不能连根拔出时为好。放牧或刈割利用后均应追施氮肥，每年秋季应施一定量的磷、钾肥作为维持肥料，有利于再生。

（五）病虫杂草防控

苗期生长缓慢，要及时清除杂草。混播草地及时清除有毒有害杂草，单播草地可通过人工或化学方法清除杂草。对于一年生杂草，也可通过及时刈割进行防除。

多年生黑麦草在高温高湿的情况下也可发生赤霉病和锈病，发病时可用石硫合剂、代森锰锌、萎锈灵等农药防治。

四、生产利用

格兰丹迪多年生黑麦草是我国南方高山地区冬春季节最好的饲草，各种家畜均喜采食，适口性好，早期收获的饲草叶多茎少，质地柔嫩。

该品种在3—11月均能生长，冬季不枯黄，一直保持鲜绿，生产潜力大，持久性好，利用年限长。既适合直接青饲，也能调制成优质干草，最佳刈割时期在抽穗初期，可获得最佳营养价值和产量，留茬高度5～7cm，每年可刈割6～

8次。还适于放牧利用，常与红三叶或白三叶混播作为优良的放牧场。

格兰丹迪多年生黑麦草主要营养成分表（以干物质计）

收获期	CP（%）	EE（g/kg）	CF（%）	NDF（%）	ADF（%）	CA（%）	Ca（%）	P（%）
株高约45cm时的营养生长期	20.1	21.0	24.8	45.7	27.8	12.2	0.51	0.24

注：数据由农业部全国草业产品质量监督检验测试中心提供。

CP：粗蛋白，EE：粗脂肪，CF：粗纤维，NDF：中性洗涤纤维，ADF：酸性洗涤纤维，CA：粗灰分，Ca：钙，P：磷。

格兰丹迪多年生黑麦草群体

格兰丹迪多年生黑麦草单株

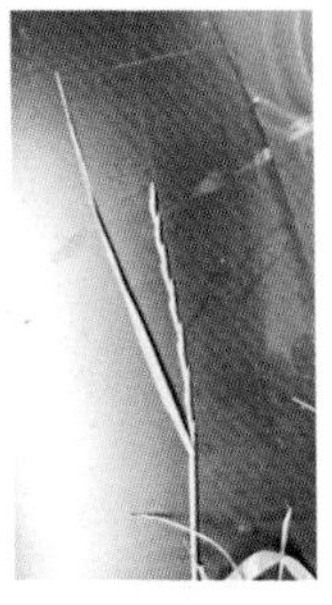

格兰丹迪多年生黑麦草穗

21. 剑宝多花黑麦草

剑宝多花黑麦草(*Lolium multiflorum* Lamk. 'Jumbo')是由具有抗冠锈病的二倍体多花黑麦草品种“Surrey”经过染色体加倍后选育而成的四倍体晚熟、抗锈病新品种。皇家百绿集团于1999年在美国公司登记。2008年四川省畜牧科学研究院和百绿(天津)国际草业有限公司引入国内,2015年8月19日审定登记,登记号为487。该品种具有极显著丰产性,多年多点比较试验证明,剑宝多花黑麦草平均干草产量9 668kg/hm^2,最高年份干草产量17 570kg/hm^2。

一、品种介绍

禾本科黑麦草属一年生疏丛型植物,根系发达,须根密集。茎秆粗壮,直立生长,株高148~172cm。分蘖能力强,最高可达64个。叶量丰富,成熟植株叶片长41cm左右,叶宽1.1~1.7cm。穗状花序,花序长36~47cm,小穗数33个,每穗小花数16~20个。种子呈长形,千粒重2.25g左右。

冷季型禾草,喜温凉湿润气候。高抗病、抗寒、抗旱、耐瘠薄。春季生长快，再生性好，耐刈割，年可刈割 4～5 次。在四川农区，10 月播种，11 月进入拔节期，翌年 4 月中下旬开始抽穗，6 月初种子成熟，生育期 242～253d。

二、适宜区域

适宜我国西南、华东、华中等温暖湿润地区种植，海拔 300～1 500m 为最适区。

三、栽培技术

（一）选地

该品种适应性较强，对生产地要求不严，农田和荒坡地均可栽培。大面积种植时应选择较开阔平整的地块，以便机械作业。

（二）土地整理

播前深耕精细整地，清除杂草、杂物，耕翻、平整土地；杂草严重时可采用除草剂处理后再翻耕。结合整地施足基肥，每公顷施农家肥（厩肥）15 000～30 000kg，或者复合肥 450～600kg。

（三）播种技术

1. 播种期

长江流域及以南地区一般为秋播，9 月下旬至 10 月中旬播种最佳；南方高山冷凉及我国北方地区以春季 4—5 月份播种为宜。

2. 播种量和方式

单播：条播，行距 20～30cm，播深 1～2cm，播种量 18～22.5kg/hm^2；撒播，播量为 22.5～30kg/hm^2。混播：与紫云英、白三叶或红三叶等豆科牧草混播，播种量为单播的 2/3～1/2。

（四）水肥管理

分蘖—拔节期酌情施速效氮肥，每次刈割后追施尿素 75～90kg/hm^2。有灌溉条件的地区，干旱时应适当灌溉。

（五）病虫杂草防控

该品种极少感病虫害，即使发生可以通过刈割处理防治。一般苗期生长缓慢，要及时清除杂草，可通过及时利用进行防除。

四、生产利用

剑宝多花黑麦草为优质高产牧草。

主要用于人工草地、林下种草及退耕还林还草，适合青饲、放牧、青贮和调制干草利用。适口性好，适宜饲喂牛、羊、兔等多种畜禽及鱼类。青饲，割草时间可选择抽穗前到抽穗期，留茬高度 5cm 左右，每年可刈割 4～5 次。放牧，需要适当控制强度，以维持草地持久性。

剑宝多花黑麦草主要营养成分（以干物质计）

收获期	取样年份	CP（%）	EE（g/kg）	CF（%）	NDF（%）	ADF（%）	CA（%）	Ca（%）	P（%）
株高约 50cm 时的营养生长期	2013	21.9	31.0	12.7	32.6	17.6	11.3	0.43	0.21
	2014	14.5	31.7	14.0	29.0	15.6	8.3	0.39	0.20

注：农业部全国草业产品质量监督检验测试中心连续 2 年测定结果。

CP：粗蛋白，EE：粗脂肪，CF：粗纤维，NDF：中性洗涤纤维，ADF：酸性洗涤纤维，CA：粗灰分，Ca：钙，P：磷。

剑宝多花黑麦草单株

剑宝多花黑麦草穗

22. 川农 1 号多花黑麦草

川农 1 号多花黑麦草（*Lolium multifolium* Lamk. 'Chuannong No. 1'）是四川农业大学以多花黑麦草品种"赣选 1 号"和引进品种"牧杰"分别为母本和父本进行杂交，对杂交后代多次混合选择，结合分子标记技术，选育而成的新品种。2016 年 7 月 21 日登记，登记号 508。该品种冬春季生长速度快，前 2 茬产量较优，再生能力强，产量高，年可刈割 4～5 次，鲜草产量一般达 80 000～120 000kg/hm^2，干草产量一般达 9 000～12 000kg/hm^2。

一、品种介绍

禾本科黑麦草属一年生草本植物。根系发达致密，主要分布在 15cm 以上的土层。分蘖较多，直立，茎干粗壮，圆形，高可达 160～180cm。叶鞘较疏松；叶耳大，叶舌膜状，长约 1mm；叶片长 34～50cm，宽 1.3～2.2cm，深绿色，叶量丰富。穗状花序，长 37～53cm，小穗数 22～46 个，每小穗有小花 14～23 朵，芒长 4.5～11mm；颖质较硬，具

5～7 脉，长 5～8mm；外稃质较薄，具 5 脉，第一外稃长 6mm，芒细弱；外稃披针形，背圆，顶端有 6～8mm 微有锯齿的芒，内稃与外稃等长。长圆形颖果，千粒重 2.7～3.8g。体细胞染色体 2n＝4x＝28，生育天数 250～260 天。

适于生长在温和而湿润地区，亦能在亚热带地区生长。种子适宜发芽温度 13℃以上，最适生长温度 20～25℃，耐－10℃左右的低温，不耐热，35℃以上生长受阻。对土壤要求不严，喜壤土或砂壤土，亦适于黏壤土，在肥沃、湿润而土层深厚的地方生长极为茂盛，最适土壤 pH 为 6～7。耐湿和耐盐碱能力较强。生长期分蘖力强，再生性强，耐多次刈割。寿命较短，通常为一年生，播后第二年抽穗结实后则大多数植株即死亡。

二、适宜区域

适宜范围广，在长江流域及以南温暖湿润区均可种植，适宜于湖北、广东、江西、贵州等地推广应用，主要用于粮—草轮作和生态治理。

三、栽培技术

（一）选地

该品种适应性强，农田和荒坡地均可栽培。大面积种植时应选择较开阔平整的地块，以便机械作业。

（二）土地整地

播种前喷施灭生性除草剂，除去田间所有杂草。一周后，深翻土地，精细平整土地。整地时，应根据土壤肥力条件，施入腐熟的农家肥或高磷钾复合肥做基肥。降雨量过多地区注意开沟排水。

（三）播种技术

1. 播种期

可春播、秋播。长江流域亚热带气候地区夏季高温，以秋播为主，9 月中旬至 10 月中旬为宜，过早虫害严重，苗期生长将受到影响。温凉地区可春播也可秋播。在寒温地区宜春播，5 月中旬至 6 月中旬为宜。

2. 播种量

宜单播，条播播种量为 20～25kg/hm^2，撒播播种量为 25～30kg/hm^2。收种田应稀播，播种量 15～22.5kg/hm^2。与紫云英、苕子、白三叶或红三叶等豆科牧草混播，可提高其产草量和品质，豆科牧草的播种量为单播的 1/3～1/2。

3. 播种方式

通常采用条播方式，行距 20～30cm，播深 1～2cm。也可撒播，撒播要求播种均匀。播种后用细土覆盖，覆盖厚度 1cm 为宜。适当镇压，使种子与土壤紧密结合。

（四）水肥管理

有灌溉条件的地区，遇干旱注意浇水。在分蘖期、拔节期和抽穗期，视土壤干旱程度适当补充水分，雨水较多季节注意开沟排水。施肥采用底肥与追肥相结合方式，分蘖—拔节期酌情施速效氮肥，每次刈割后追施尿素 75～150kg/hm^2。收种田，注意施磷钾肥，速效氮肥不宜过多，否则会倒伏，影响种子产量和质量。收种田最好不要同时作割草用。

（五）病虫杂草防控

一般无常见病虫害发生。播期过早，苗期注意地老虎和蝼蛄危害，可用氯虫苯甲酰胺、安绿宝等农药防治。分蘖期至拔节期易受阔叶型杂草危害，可选用阔叶型除草剂防除。

四、生产利用

该品种具有较高的饲草品质和营养价值，茎叶柔嫩，叶量丰富，草质柔嫩，适合于牛、羊、鱼等饲喂。适合刈割时间为拔节期至孕穗期，品质和产量较优。供草期可达 4 个月以上，一般植株 50cm 左右时刈割，留茬高度 5cm。既可作青饲料，也可调制青贮或干草。

川农 1 号多花黑麦草不同生育期营养成分表（以干物质计）

收获期	CP（%）	NDF（%）	ADF（%）	可溶性糖（%）
分蘖期	20.89	34.25	18.27	28.11
拔节期	16.60	36.39	20.61	23.39
抽穗期	10.82	50.21	28.36	19.12
开花期	7.55	53.46	31.34	15.01

注：CP：粗蛋白，NDF：中性洗涤纤维，ADF：酸性洗涤纤维。

川农 1 号多花黑麦草单株

川农 1 号多花黑麦草群体

23. 拜伦羊茅黑麦草

拜伦羊茅黑麦草（*Festulolium braunii* 'Perun'）是20世纪60年代丹农公司捷克育种中心以多花黑麦草和草地羊茅为亲本选育的四倍体多花黑麦草型羊茅黑麦草新品种，属中早熟型。1991年列入捷克推荐品种名录，目前在波兰、德国、英国和法国等多个国家注册。2005年由云南农业大学和云南省草山饲料工作站引进，并于2016年7月21日登记，登记号为502。该品种结合了多花黑麦草的产量和品质，以及草地羊茅的耐寒和持久性，经多年多点比较试验证明，拜伦羊茅黑麦草平均干草产量8 250kg/hm^2，最高年份干草产量17 082kg/hm^2。

一、品种介绍

多年生疏丛禾草，须根系，株高90～110cm。叶量丰富，叶片深绿有光泽，长10～18cm。总体外观更接近多花黑麦草，但分蘖更多，叶片更柔软。穗状花序，长20～30cm，每小穗含小花7～11朵。种子长4～7mm，外稃有短芒，千粒重 2.8～3.1g。

冷季型牧草，喜温暖湿润气候，较耐寒，27℃以下为适宜生长温度，35℃以上生长不良，不耐严寒酷暑，不耐荫。适合年降雨量 800～1 500mm、气候温和地区种植。适合多种土壤，略耐酸，适宜土壤 pH 6～7。对水分和氮肥反应敏感。在气候适宜地区可利用 3 年左右。较干或炎热地区表现为越年生。长江流域及以南地区 9 月上旬播种，5～7d 后出苗，10 月进入分蘖期，次年 3 月中下旬进入拔节期，4 月中下旬孕穗，7 月上中旬进入完熟期，生育期 290d 左右。

二、适宜区域

长江流域及以南适宜种植在海拔 800～3 000m、降水 800～1 500mm 以上的山区；北方冬无严寒的较湿润地区也可种植。

三、栽培技术

（一）土地整理

需要精细整地。播种前清除地面上的残茬、杂草、杂物，耕翻、平整土地；杂草严重时可采用除草剂处理后再翻耕。在土壤黏重、降雨较多的地区要开挖排水沟。作为刈割草地利用时，在翻耕前施基肥。

（二）播种技术

1. 播种期

在南方温带、亚热带地区，适宜秋季播种，尤其以9—10月份为佳。在南方高山冷凉及北方地区，以春季4—5月份播种为宜，表土温度10～15℃最适合。除气温因素以外，土壤有积水时亦不能播种。

2. 播种量

根据播种方式和利用目的而定。单播时，以刈割为利用目的，播种量25～30kg/hm^2。与三叶草或杂花苜蓿及其他禾本科牧草混播时，常占总播量的20%～40%。

3. 播种方式

可采用条播或撒播，生产中以撒播为主。条播时，以割草为主要利用方式的，行距20～25cm，以收种子为目的的，行距为40～50cm；覆土厚度以1～2cm为宜。人工撒播时可用小型手摇播种机播种，也可直接用手撒播。撒播后可轻耙地面或进行镇压以代替覆土措施，使种子与土壤紧密接触。

（三）水肥管理

幼苗拔节期根据苗情适当追肥，割草地每次刈割后追肥。在混播草地中，禾本科牧草长势较弱而豆科牧草生长过旺时可追施氮肥，反之则追施磷钾肥。

施用氮肥可有效增加羊茅黑麦草产量和蛋白质含量，减少纤维素中难以被反刍动物消化的半纤维素含量。种肥可包含纯氮 55.5kg/hm^2，以后在生长季节，可每月追施纯氮 55.5kg/hm^2，或每次刈割或放牧后可施尿素 50～100kg/hm^2。在微酸性土壤种植时种肥还应含磷肥 150～225kg/hm^2。

在年降水量 700mm 以上地区基本不用灌溉，但在降水量少的地区或季节适当灌溉可显著提高生物产量，灌溉主要在分枝期或利用后进行。在南方夏季炎热季节，有时会出现阶段性干旱，在早晨或傍晚进行灌溉，有利于再生草生长和提高植株越夏率。同样，在多雨季节，要及时排水，防治涝害发生。

（四）病虫杂草防控

拜伦羊茅黑麦草在幼苗拔节期易受杂草危害，过多时应提前割草或放牧利用。在合理的管理利用下病虫害较少，最常见的病害是锈病，一般在多雨潮湿条件下易发。新品种的抗病性明显优于老品种。锈病的发生常与草层密度过高和收获不及时发生倒伏相关。由于牧草通过家畜的转化最终成为人类的食品，不主张使用农药防控病虫害。应对病虫害的主要措施是适时采用新育成的高抗逆性新品种并加强田间水肥管理，当病虫害发生时，可通过提前割草或加强放牧强度加以控制。

四、生产利用

该品种是优质的禾本科牧草，出苗建植快，耐寒返青早，产量优势明显。

作割草地利用时，第一茬应在抽穗前或株高 45～50cm 进行，适时刈割可提高后茬产量和品质，留茬高 5cm 左右，每年可刈割 3～5 次，可高产稳产 2～3 年。产量优势明显，用于混播组分时能显著提高播种当年的产量。另外，羊茅亲本带来良好的耐寒和抗逆能力，春季开始恢复生长早，产量季节平衡性好。

由于拜伦羊茅黑麦草的春季产量主要集中在 3 月、4 月和 5 月初，短时间内可提供大量饲草，所以饲草存储显得更为重要。与调制干草相比较，青贮可将饲草的损失由 50%降低到 5%。青贮时，沟渠青贮或堆青贮的适宜含水量为 70%，直立青贮窖青贮的适宜含水量为 50%，密封青贮的适宜含水量为 40%～60%，而拉伸膜青贮的适宜含水量是 55%～70%。

拜伦羊茅黑麦草主要营养成分表（以干物质计）

收获期	CP (%)	EE (g/kg)	CF (%)	NDF (%)	ADF (%)	CA (%)	Ca (%)	P (%)
株高约 45cm 时的营养生长期	14.1	33.0	23.9	48.0	27.2	10.0	0.38	0.25

注：农业部全国草业产品质量监督检验测试中心测定结果。

CP：粗蛋白，EE：粗脂肪，CF：粗纤维，NDF：中性洗涤纤维，ADF：酸性洗涤纤维，CA：粗灰分，Ca：钙，P：磷。

拜伦羊茅黑麦草单株

拜伦羊茅黑麦草叶片

24. 川中鹅观草

川中鹅观草（*Roegneria kamoji* Keng 'Chuanzhong'）是以四川都江堰的野生鹅观草资源为原始材料，经连续株系选择驯化选育而成的野生栽培品种。由四川农业大学小麦研究所于 2015 年 8 月 19 日登记，登记号为 491。该品种具有显著丰产性。多年多点比较试验证明，川中鹅观草平均干草产量 90kg/hm^2，最高年份干草产量 130kg/hm^2。在四川成都平原，平均年鲜草产量可达 25 000kg/hm^2，干草产量达 5 200kg/hm^2。

一、品种介绍

禾本科鹅观草属多年生草本，秆直立或基部倾斜，疏丛生，株高 80～130cm，分蘖 18～25 个，叶茎比 1∶0.82，叶片扁平。穗状花序下垂，每节着生 1 枚小穗，每小穗含 3～10 小花。外稃披针形，具膜质边缘、光滑，芒长 2～4cm。种子成熟一致，易脱落。自花授粉，六倍体。千粒重 6g。

春季返青早。孕穗或抽穗期刈割，再生力强，一年可刈割 2～3 次。抗寒性较强，可忍受－4℃低温，耐贫瘠，抗病虫性强。不耐热，气温超过 35℃时生长受阻，持续高温且昼夜温差小的条件下，往往会造成大面积死亡。适应性广，适应海拔 300～2 500m、降水量 400～1 700mm 的丘陵、平坝、林下和山地。对土壤要求不严格，各种土壤均可生长。长江中上游亚热带气候地区一般为秋播，在寒温地区宜春播，温凉地区可春播或秋播。生育期 200～235d。

二、适宜区域

适宜范围广，全国各地均可栽培，但适宜生长的年平均温度范围为 10～17℃。在年降水量为 400～1 700mm 的地区生长最好。我国长江流域、云贵高原、西南地区是其适宜生长区域。

三、栽培技术

（一）选地

该品种适应性较强，对土地要求不严，农田和荒坡地均可栽培。大面积种植时应选择较开阔平整的地块，以便机械作业。进行种子生产时应选择光照充足的地块，以利于种子发育。

（二）土地整理

种子小，需要深耕精细整地。播种前清除地面上的残茬、杂草、杂物，耕翻、平整土地；杂草严重时可采用除草剂处理后再翻耕。在土壤黏重、降雨较多的地区要开挖排水沟。作为刈割草地利用时，在翻耕前每公顷施基肥（农家肥、厩肥）15 000～30 000kg，过磷酸钙300～600kg。

（三）播种技术

1. 种子处理

筛选粒大饱满、整齐一致、无杂质的种子，以保证种子营养充足，出苗整齐。要针对当地苗期常发病虫害进行药剂拌种。也可用含有营养元素、药剂、激素的种衣剂包衣，以便出苗整齐。

2. 播种期

长江中上游亚热带气候地区一般为秋播，在寒温地区宜春播，温凉地区可春播也可秋播。长江流域低山丘陵区以9月下旬至10月上旬播种为好，过早播种虫害严重。

3. 播种量

根据播种方式和利用目的而定。单播时，以刈割为利用目的，若条播，播量为30～35kg/hm^2（种子用价为95%以上），若撒播，播种量适当增加30%～50%；以收获种子为目的，条播时，播种量为 20～30kg/hm^2，撒播时播种量适当增加。与多花黑麦草或鸭茅混播，若以割草地利用，则混播比例定为 1∶1 或 2∶1，川中鹅观草播种量为其单播时的 60%～70%；若放牧利用，则种子混播比例以 1∶1 或 1∶2 为宜，川中鹅观草播种量为其单播时的 50%～60%。

4. 播种方式

可采用条播或撒播，生产中以撒播为主。条播时，以割草为主要利用方式的，行距 25～30cm。以收种子为目的时，行距为 30～40cm。覆土厚度以 2～3cm 为宜，播深太深影响出苗。人工撒播时可用小型手摇播种机播种，也可将种子与细沙混合均匀，直接用手撒播。撒播后可轻耙地面或进行镇压以代替覆土措施，使种子与土壤紧密接触。撒播出苗率低于条播，撒播前最好将土壤灌溉一次，以提高出苗率。

（四）水肥管理

在幼苗 3～4 片真叶时要根据苗情及时追施苗肥，使用尿素或复合肥，施量 75kg/hm^2，可撒施、条施或叶面喷施。以割草为目的的川中鹅观草草地，每次刈割后追施肥料，以尿素为主，施量为 150～300kg/hm^2，可以撒施、条施。

在年降水量 600mm 以上的地区基本不用灌溉。但在降雨量少的地区适当灌溉可提高生物产量，灌溉主要在分蘖期进行。在南方夏季炎热季节，有时会出现阶段性干旱，在早晨或傍晚进行灌溉，有利于再生草生长和提高植株越夏率。同样，在多雨季节，要及时排水，防治涝害发生。

（五）病虫杂草防控

川中鹅观草基本无病害发生。返青季节会有轻微白粉病和条锈病，但不影响植株生长。若出现较严重的白粉病和条锈病，可使用粉锈灵进行防治。

虫害主要有地下害虫、蚜虫等，可用低毒、低残留药剂进行喷洒；地下害虫蛴螬对根具有危害，特别是在第一年种植后的越夏期易遭受虫害，可用杀虫剂进行防治。

川中鹅观草苗期生长缓慢，要及时清除杂草。混播草地及时清除有毒有害杂草，单播草地可通过人工或化学方法清除杂草。除草剂要选用选择性清除双子叶植物（阔叶杂草）的一类药剂，如使它隆（$C_7H_5O_3N_2FCl_2$）等。除杂草宁早勿晚。

四、生产利用

该品种是优质的禾本科牧草。

适宜作割草地利用，第一茬刈割在孕穗或抽穗期进行，可获得最佳营养价值，留茬高 5cm，每年可刈割 2～3 次。在亚热带平原及低海拔丘陵地区，6 月前应停止割草，以利安全越夏；在北方寒冷地区，在10月份之前停止刈割，以利越冬。也可与禾本科牧草如多花黑麦草、鸭茅、苇状羊茅等，或豆科牧草如白三叶、箭舌豌豆等混播，建植多年生人工草地，1～2年内即可形成优质人工草场。

可青饲、青贮或调制干草。在南方多雨地区，主要作为鲜草利用或青贮储藏，牛、羊、鹿等反刍动物喜食，可直接采食，与精饲料混合饲喂效果更佳。猪、鸡、鸭、鹅可直接采食或与精饲料混合饲喂。青贮时要在刈割后将鲜草晾晒，使其含水量在55%左右再进行青贮。青贮时添加乳酸菌或酸化剂，有助于青贮成功。在北方干燥地区多调制成干草储藏。

川中鹅观草主要营养成分表（以干物质计）

收获期	CP (%)	EE (g/kg)	CF (%)	NDF (%)	ADF (%)	CA (%)	Ca (%)	P (%)
抽穗期	24.6	31.0	21.9	46.0	33.3	13.3	0.97	0.32

注：数据由农业部全国草业产品质量监督检验测试中心提供。

CP：粗蛋白，EE：粗脂肪，CF：粗纤维，NDF：中性洗涤纤维，ADF：酸性洗涤纤维，CA：粗灰分，Ca：钙，P：磷。

川中鹅观草群体

川中鹅观草单株

川中鹅观草穗

川中鹅观草种子

25. 同德贫花鹅观草

同德贫花鹅观草［*Roegneria pauciflora*（Schwein.）Hylander‘Tongde’］是青海省牧草良种繁殖场、中国科学院西北高原生物研究所、青海省草原总站从青海同德种植多年的贫花鹅观草大田中，以综合性状好、物候期一致、产量高、性状稳定为目标进行多年的混合选择和提纯复壮而形成的地方品种，于2015年8月19日登记，登记号为492。该品种具有显著丰产性。在青海同德旱作条件下，第2～4年，年产鲜草27.7～30t/hm^2，种子615～1 145kg/hm^2。耐寒性强，适口性好。

一、品种介绍

该品种为禾本科鹅观草属多年生草本。须根系发达，根系多集中于20cm的土层中。茎直立、丛生，株高100～135cm，具4～6节。叶片扁平条形，长10～24cm，宽3～6mm，无毛，粗糙。叶鞘光滑无毛，叶舌截平长0.6～1mm。穗状花序直立细长，长13～25cm，具15～19个穗节，穗轴节间长 0.5～1.2cm，小穗黄略带紫色，长 7～11mm，含4～6 个小花。颖宽，披针形，先端尖，第一颖长 8～12mm，具 5 脉；第二颖长 7～12mm，具 6～7 脉；外稃长圆形顶端具短芒近无芒，外稃光滑无毛，第一外稃长 8～11mm，内稃较外稃稍短近等长。果实为颖果，长椭圆形。成熟后种子为白黄色，长 6～8mm，千粒重 2.6～2.8g。

同德贫花鹅观草适应性很强。在青海省海拔 4 000m 以下的地区均能生长良好，抗旱性好；根系发达，能充分吸收水分；抗逆性强，重霜后仍保持青绿，在－36℃的低温下能安全越冬，生长良好；在 pH 8.3 的土壤上生长发育良好，对土壤选择不严。分蘖能力强，属丛生型，在青海省同德巴滩地区种植，种植当年分蘖达 4～6 个。水分充足，土壤疏松时，其分蘖能力较强。种子成熟后，茎秆仍保持青绿色，在旱作条件下，一般 5 月中、下旬播种，当年生长发育缓慢，第二年以后生长迅速。一般 4 月底至 5 月初为返青期，5 月下旬至 6 月上旬拔节，6 月下旬至 7 月初抽穗，7 月中旬开花，8 月下旬及 9 月初种子成熟，生育期 114～120d。

二、适宜区域

适宜范围广，可在我国北方及南方高海拔地区栽培，最宜于海拔 2 200～4 000m、年降水 420mm 以上高寒地区推广种植。

三、栽培技术

（一）选地

海拔 4 200m 以下，5—8 月≥0℃积温达到 1 000℃以上、年均温 0.2℃以上的区域种植。年降水量在 350mm 以上的地区可以旱作，年降水量低于 350mm 需具备灌溉条件。该品种适应性较强，对生产地要求不严，农田和荒坡地均可栽培；大面积种植时应选择较开阔平整的地块，以便机械作业。进行种子生产时要选择光照充足的地块。

（二）土地整理

整地以秋翻春耙为主。在前茬收获后及时秋翻，耕深 15～20cm。新开垦地耕深 15～25cm。春季解冻时进行春耕，耕深 12cm。耕后及时耙耱，清除残茬。同德贫花鹅观草种子小，要求整地精细，地表平整土块细碎。大面积播种时，根据杂草萌芽出土情况，在播前用轻耙带木耢子灭草 1～2 遍；如表层土壤干燥，播前要进行镇压，以利机播时控制播种深度。

（三）播种技术

1. 种子处理

在病虫多发地区，为防治地下害虫，可用杀虫剂拌种；

防治病害，可根据具体病害类型用杀菌剂拌种。

2. 播种期

在北方高寒地区在 4 月下旬至 6 月上旬，日平均气温稳定通过 1.0℃以上时均播种。

3. 播种量

根据播种方式及利用目的而定。饲草田单播时：条播时播种量为 23kg/hm^2，撒播 30kg/hm^2。种子田单播时：条播时播种量为 18.75～22.5kg/hm^2。撒播时播种量适当增加。

4. 播种方式

采用机械条播或人工撒播。条播行距 15～30cm，播深 2～3cm。播后及时镇压。

（四）水肥管理

结合秋翻或春耕施农家肥 1.5～1.8t/hm^2。按照 NY/T 469 的要求，播前施纯氮 0.070～0.076t/hm^2，五氧化二磷 0.052～0.069t/hm^2。

在第二年分蘖期结合降雨或灌溉追施尿素 0.075～0.150t/hm^2。

在年降雨量 420mm 以上地区基本不用灌溉，但在降雨量少的地区适当灌溉可提高生物产量。在多雨季节，要及时排水，防治涝害发生。

（五）病虫杂草防控

主要病害有锈病。虫害有草原毛虫、蝗虫、小地老虎。

鼠害主要为高原鼢鼠、高原鼠兔。在病虫害防治中所使用的农药应符合 GB 4285 的有关规定。草地蝗虫生物防治按照 DB63/T 788 执行，草地毛虫生物防治按照 DB63/T 789 执行，草地鼠害生物防治按照 DB63/T 787 执行。

苗期生长缓慢，要及时清除杂草。混播草地及时清除有毒有害杂草。单播草地可通过人工或化学方法清除杂草。除草剂要选用选择性清除双子叶植物的药剂。对于一年生杂草，也可通过及时刈割进行防除。

四、生产利用

（一）放牧

播种当年禁牧，种植第二年可适度放牧，每公顷控制在 2.5 个羊单位以下。

（二）刈割

抽穗期至开花期刈割，刈割留茬高度 5～7cm。

同德贫花鹅观草主要营养成分表（以干物质计）

收获期	CP（%）	EE（g/kg）	CF（%）	NDF（%）	ADF（%）	CA（%）	Ca（%）	P（%）
开花期	15.7	27.6	27.3	57.3	30.2	7.3	0.64	0.16

注：由农业部全国草业产品质量监督检验测试中心提供测定结果。

CP：粗蛋白，EE：粗脂肪，CF：粗纤维，NDF：中性洗涤纤维，ADF：酸性洗涤纤维，CA：粗灰分，Ca：钙，P：磷。

同德贫花鹅观草群体

同德贫花鹅观草种子

26. 康巴变绿异燕麦

康巴变绿异燕麦［*Helictotrichon virescens*（Nees ex Steud.）Henr. ‘Kangba’］是以甘孜高原地区收集到的少量野生西南异燕麦种群为原始材料，采用自然选择和人工选择相结合的方法，经过数年的混合选择和驯化选育而成的野生栽培品种。由四川省草原工作总站、甘孜州草原站和四川省金种燎原种业科技有限责任公司 2015 年 8 月 19 日登记，登记号为 493。该品种具有抗寒性。多年多点比较试验证明，康巴变绿异燕麦平均干草产量 6 461kg/hm^2，最高年份干草产量 9 257kg/hm^2。

一、品种介绍

禾本科异燕麦属多年生草本植物。密丛型，须根系，纤维状，根系发达。茎直立，高 100～180cm，一般具 5～6 节，茎节膨大，茎节抽穗前密布白色绒毛，茎节绿色，抽穗后茎节上白色绒毛逐渐消失，茎节变为黄色。植株较光滑，叶缘有少许柔毛，叶片扁平，长条形，长 20～40cm，宽 8～

16mm。叶稍无毛，基部着生微毛。叶舌膜质，长 1～3mm。圆锥花序疏展，长 15～45cm；每个花序 8～16 个花序节，花序节互生，每个花序节分枝为 3～6 枚小穗簇生，长 8～15cm。小穗淡绿色或稍带紫色，长 10～14cm，含 2～6 小花。小穗轴节间长约 1～5cm，具柔毛。颖披针形，稍粗糙，第 1 颖长 8～10mm，第 2 颖长 10～12mm。第 1 外稃膜质，长 8～11mm，顶端浅裂，具 2 尖齿，基盘具柔毛。每小花含雄蕊 5～6 个，少的有 2～4 个；二歧花药紫色，长约为外稃的 1/2，花药柄长约为外稃的 1/2；每小花含羽状雌蕊 2 个，对生，白色；每小花含子房 1 个。颖果锥状长椭圆形，基部簇生有长柔毛。芒近外稃中部以上伸出，芒稍开展或稍反曲，长约 15～25mm；芒宽"V"形，角度大于 90°，近 1/2 处稍反曲，多为 1～2 股，多的有 3～4 股，扭曲成紧绳状。单个株丛直径可达 40cm 以上，穗粒数可达 40 粒以上。圆锥花序上部的种子质量最好，未脱芒的种子千粒重平均 3.4g 左右。

喜温暖湿润，较耐瘠薄，抗病虫害能力较强。抗倒伏能力中等。康巴变绿异燕麦返青早，青绿期长。在四川甘孜地区每年 3 月中下旬开始返青，较其他禾本科提前 10～15d，生育期 140d 左右。耐寒能力极强，耐热能力较强，在－25～25℃的生境中能顺利越冬和越夏。适宜生长温度为 10～20℃，一般在适宜的温度水分条件下，播种后 7～10d 即可出苗，播种当年生长速度相对较慢。适应性强，在海拔 2 000～3 200m 地区人工栽培能获得较高的种子或牧草产量。在青藏高原生长良好，丰产年的第2～4年，可产鲜草22 500～30 000kg/hm^2，种子产量400～750kg/hm^2。一般情况下草地寿命为10年左右。

二、适宜区域

适宜青藏高原温暖湿润区，海拔2 000～4 000m、年降水量400mm左右、中性偏碱性土壤的区域种植。年平均降水量400mm以上地区可在非灌溉条件下栽培。

三、栽培技术

（一）选地

该品种适应性较强，对生产地要求不严，可用于川西北高寒、高海拔地区的天然草地改良、人工草地建设和生态环境绿化、工程护坡和草场补播等。大面积种植时应选择较开阔平整的地块，以便机械作业。进行种子生产要选择光照充足的地块。

（二）土地整理

康巴变绿异燕麦种子细小，根系发达，因此需要整地精细。播前清除杂草、杂物，多次耕耙、平整，以利种子出苗。作为刈割草地利用时，在播种前每公顷施有机肥和厩肥15 000～30 000kg，过磷酸钙600～750kg。

（三）播种技术

1. 种子处理

该品种种子有长芒，因此，播种（特别是机械条播）前应对种子进行断芒处理。

2. 播种期

可选择春播或秋播，以当地雨季为准。

3. 播种量

根据播种方式和利用目的而定。用于割草地建设时播种量 30kg/hm²，用于种子生产时播种量为 15kg/hm²。用于生态建设时，可以单播也可以进行混播。播种后覆土 1～2cm 为宜。为了提高播种当年草产量，可与燕麦混播，混播比例为 1∶1，该品种播种量为其单播时的 60%～70%。

4. 播种方式

可撒播、条播（多机播），以条播为宜，用于割草地建设时行距 35～45cm，用于种子生产时行距 50～60cm，播后覆土 1～2cm。

（四）水肥管理

苗期结合降水追施适量氮肥，拔节至孕穗期追施适量磷钾肥。种子进入完熟期后应适时收获。异燕麦为短、中期多年生牧草，栽培 4～6 年后，产量逐年下降，因此，在生产实践中，当产量显著下降后，即可改种其他作物或牧草（放牧地和植被恢复地除外)。

(五) 病虫杂草防控

苗期生长缓慢，要及时清除杂草。混播草地及时清除有毒有害杂草，单播草地可通过人工或化学方法清除杂草。除草剂要选用选择性清除双子叶植物的一类药剂。对于一年生杂草，也可通过及时刈割进行防除。

该品种病害较少，有时会发生锈病，可用波尔多液、石硫合剂喷洒防治；黑斑病可采取及时而频繁的刈割来避免。

虫害主要有蚜虫、蝗虫等，可用低毒、低残留药剂进行喷洒。

四、生产利用

康巴变绿异燕麦是优质的禾本科牧草，叶量多，抽穗期至初花期的茎叶比为 1∶7 左右。草质柔嫩，营养价值高，适口性好，马牛羊均喜食。

该品种播种第二年即可刈割和放牧利用，可鲜喂，也可调制青干草，再生草可放牧利用，马、牛、羊均喜食。制备干草应在抽穗期或初花期刈割，留茬高度以 2～3cm 为宜。此时产量较高，叶量丰富，茎叶比为 1∶7 左右，无氮浸出物及粗蛋白含量相对较高，粗纤维含量相对较低，品质较好。

因其返青早，青绿期较老芒麦、披碱草长 10～20d。种子成熟也相对较早，7 月中下旬即可收获种子。老芒麦、披碱草在种子成熟后整株枯黄停止生长，而异燕麦尽管茎秆变黄，但叶层仍保持青绿，此时如及时清除残茬就可以得到再生草用以放牧或再次刈割利用。

康巴变绿异燕麦主要营养成分表（以干物质计）

收获期	CP (%)	EE (g/kg)	CF (%)	NDF (%)	ADF (%)	CA (%)	Ca (%)	P (%)
抽穗期	8.8	19.0	31.3	58.0	34.7	6.4	0.19	0.13

注：数据由农业部全国草业产品质量监督检验测试中心提供。

CP：粗蛋白，EE：粗脂肪，CF：粗纤维，NDF：中性洗涤纤维，ADF：酸性洗涤纤维，CA：粗灰分，Ca：钙，P：磷。

康巴变绿异燕麦的花序

康巴变绿异燕麦的茎节

康巴变绿异燕麦群体

康巴变绿异燕麦单株

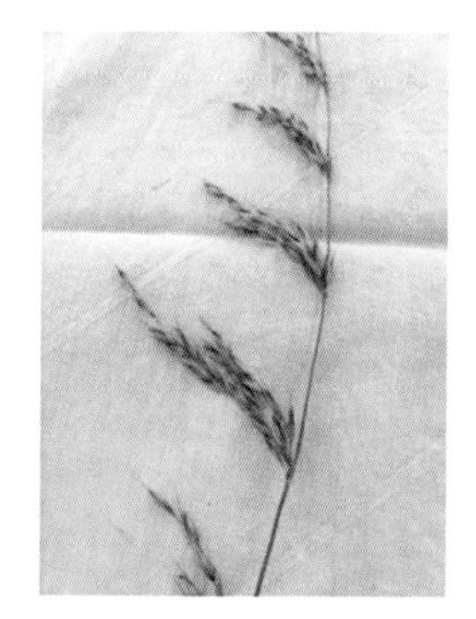

康巴变绿异燕麦穗

27. 吉农2号朝鲜碱茅

吉农2号朝鲜碱茅（*Puccinellia chinampoensis* Ohwi 'Jinong No. 2'）是以吉农朝鲜碱茅为原始材料，通过高浓度盐碱胁迫，并通过自然选择和人工选择相结合的方法，经过单株选择、株系鉴定等选育而成的育成品种。由吉林省农业科学院草地研究所于2015年8月19日登记，登记号为494。该品种具有高耐盐性、高发芽率，且兼顾较高产量。多年多点比较试验证明，吉农2号朝鲜碱茅平均干草产量4 286kg/hm^2。

一、品种介绍

碱茅属多年生丛生型禾草。株高80～100cm，茎直立或基部膝曲，具2～3节。叶片长3～5cm，宽2～3cm，圆锥花序开展，长10～16cm，小穗含5～7朵小花。种子纺锤形，千粒重0.1～0.19g。

吉农2号朝鲜碱茅在保持了吉农朝鲜碱茅耐盐碱、抗寒、耐旱等特性的基础上，提高了其发芽率及耐盐强度，在 15℃±2℃恒温条件下发芽率可达 93%，较原始材料增加了 24%。在土壤 pH 9.5 以上，表土含盐量 1.5%，年降水量 400mm 的条件下能正常生长。在东北地区能安全越冬。

二、适宜区域

适宜我国东北、华北、西北地区土壤 pH 9.5 以上，表土含盐量 1.5%、年降水量 400mm 的条件下种植。

三、栽培技术

（一）土地整理

种子细小，播种要求土壤疏松和水分充足，以便种子良好出苗和扎根，因此，种植碱茅的土地必须适时耕翻，耕后及时耙地和镇压。在北方春旱地区，可夏季播种。喜肥牧草，播前施农家肥可缓冲土壤碱性，改良土壤结构，增加土壤营养。

（二）播种技术

1. 播种期

播种期幅度较大，播种适宜期可根据气候、土质和杂草情况而定。北方通常不晚于 8 月上旬，以免影响越冬。

2. 播种量和播种方式

条播，行距 25～30cm，播种量 7.5kg/hm^2 左右，覆土 1～2cm，播后镇压。

（三）水肥管理

播种后 10d 左右出苗，幼苗细弱，既不抗旱又不耐杂草，应加强田间管理，杜绝家畜践踏和采食。4 月初灌返青水，10 月底灌越冬水，生长季节视碱茅的生长状况和天气状况进行灌水，施肥结合进行，施肥量为 150kg/hm^2。施肥可提高土壤肥力，促进牧草健壮生长，耐盐、抗盐性能增加，为提高产量和品质一般在分蘖期和抽穗期进行。种子成熟时应分批分期及时采收。

四、生产利用

草地播种当年禁止使用，第 2 年可开始刈割或放牧利用，因碱茅抗盐碱能力极强，生长第二年即成为优势种。吉农 2 号朝鲜碱茅品质好，经吉林省农业科学院草地研究所测定，粗蛋白质含量达 15.36%，粗脂肪达 2.97%，粗纤维达 22.20%，粗灰分达 5.34%。

在生产上，本品种有刈割和放牧两种方式。如刈割，宜在开花期进行，应避开阴雨天，并及时晾晒。收获以割草机刈割为宜，留茬高度 6cm 左右。放牧利用时间自 4 月下旬至 5 月上旬开始较好，年度间由于气候条件的不同，开始放牧时期应酌情掌握。在第一次放牧后，一般间隔 20～25d，使草层恢复后再进行第二次放牧。之后牧草再生能力变弱，放牧间隔时间需延长，在生长季结束前 30d 停止放牧较为适宜。

吉农 2 号碱茅单株

吉农 2 号碱茅群体

28. 苏植 3 号杂交结缕草

苏植 3 号杂交结缕草（*Zoysia sinica* Hance × *Z. matrella*（L.）Merr. 'Suzhi No. 3'）是以中华结缕草为母本、沟叶结缕草为父本杂交选育而成的育成品种。由江苏省中国科学院植物研究所于 2015 年 8 月 19 日登记，登记号为 495。该品种质地细致、密度高、青绿期长、抗逆性强，特别是具有较强的抗寒性和耐盐性。

一、品种介绍

禾本科结缕草属多年生草本，具有发达的匍匐茎和地下茎，草丛自然高度 13.36cm。叶色深绿，叶片平均长度为 3.48cm，宽度为 0.21cm。匍匐茎呈紫色，节间长度和直径分别为 2.99cm 和 0.11cm；草坪密度 389 个/100cm^2。总状花序，生殖枝高度平均为 6.0cm，花序密度平均为 6.2 个/100cm^2，花序长度平均为 1.51cm，花序宽度平均为 0.11cm，小穗长 2.5～3.0mm，宽 0.85～1.15mm。花果期为 4～5 月。

苏植 3 号杂交结缕草青绿期较长，在南京和武汉一般 3

月下旬返青，12 月上旬枯黄，青绿期 270d 左右，在广东为 310～325d，在北京可正常越冬，绿期 170～190d。抗寒、耐热，在极端高温 38.2～42.6℃和极端低温－1.9～－27.5℃下仍能存活。具有耐盐、抗病虫、抗旱及养护费用低的优点，成坪速度较快，以 10cm×10cm 的点栽法或 10cm 行距的条栽法进行种植，在 6—9 月份旺盛生长季40～70d 即可成坪。对土壤要求不严，在排水良好的沙壤土或壤土等均可种植，土壤适宜 pH 5.5～7.5。适宜于北京及以南地区观赏草坪、公共绿地、运动场草坪以及保土草坪建植。

二、适宜区域

适宜范围广，北京及以南地区均可建植成坪且生长良好。

三、草坪建植技术

本品种适宜用草茎或草皮块进行营养繁殖，种植时间从春季到秋季。草坪建植前先用灭生性除草剂如农达（$C_3H_9N \cdot C_3H_8NO_5P$）等除草，耕翻整地，施足有机肥。之后灌溉，促使杂草再生，再次喷施“农达”。反复 2～3 次后，除去杂草和石头瓦砾，将坪床进行精细平整。可以采用点栽法、条栽法或种茎直播法进行播种，采用 1∶20 比例，亦可采用满铺法建植草坪。

四、草坪养护管理

播种后，保持地面湿润，直到成活后，再逐步减少灌水。在草坪盖度达到70%～80%时，可进行第一次修剪，修剪高度为2～3cm。待成坪后遵循“1/3原则”进行常规修剪。中等肥力的土壤，旺盛生长季节每月修剪2～3次，每月补施尿素$10g/m^2$，最后一次剪草后（霜前1个月左右），施用N-P-K（15∶15∶15）复合肥一次，用量为$40g/m^2$。

苏植3号杂交结缕草根系

苏植3号杂交结缕草茎和花序

苏植3号杂交结缕草单株

苏植3号杂交结缕草群体

29. 腾格里无芒隐子草

腾格里无芒隐子草［*Cleistogenes songorica*（Roshev.）Ohwi‘Tenggeli’］是以内蒙古阿拉善盟荒漠草原多点收集的材料为原始种质，经过连续多年的栽培驯化培育出的野生栽培品种。由兰州大学于2016年7月21日登记，登记号为499。该品种为节水型生态草和坪用型植物，抗旱、抗寒性强，主要用于干旱、半干旱地区草坪建植、城市绿化、固沙护坡和荒漠生态系统的植被恢复等。

一、品种介绍

禾本科隐子草属多年生草本。须根系，秆丛生，直立或稍倾斜，高15～50cm，叶片条形，长2～6cm，叶宽约2.5mm。圆锥花序，大多数包藏于各节的叶鞘中，顶部花序暴露在外，花序长2～8cm，宽4～7mm，小穗长4～8mm，含3～6小花，绿色或带紫色。内稃短于外稃，颖果长约1.5mm，千粒重0.2～0.3g。染色体数目：2n＝2x＝28，核型公式：K（2n）＝2x＝1M＋11m＋1sm＋1st，核型类型“2B”型。

种子具有较高的生活力，属于胚休眠类型；变温、光照和 GA_3 处理能有效破除休眠，最适萌发温度为 30/20℃变温，种子萌发对于干旱较为敏感，耐盐性中等。种子出苗和幼苗生长的最适土壤含水量为 6%～8%，沙子覆盖时建植率最高。地下部分具须根系和砂套，须根深达 25cm 左右，扩展范围达 10cm 左右。

该品种为节水型生态草和坪用型植物，抗旱、抗寒性强。在干旱、半干旱地区节水灌溉条件下（如生长季每 20d 灌水一次），腾格里无芒隐子草在密度、盖度、质地、均一性、青绿期和持久性等方面都表现出明显的优势。还具有生长速度慢和耐瘠薄等特点，可大幅减少管理成本。在西北地区，4 月下旬返青，5 月上旬分蘖，7 月中旬拔节，7 月下旬孕穗，8 月上旬开花，9 月下旬种子成熟，10 月上旬开始枯黄，草坪绿期 220d 左右。

二、适宜区域

适宜我国北方干旱半干旱（年降水量为 100～400mm）地区、干旱荒漠地区、荒山、坡地、公路两旁等地种植。

三、草坪建植技术

腾格里无芒隐子草种子小，播种后可在一定时间内形成整齐、均匀、颜色一致的草坪，对环境适应性强，抗逆性好，所以采用种子播种的方式建坪。

（一）播种时间

根据建植地区气候条件，于春、秋季适时栽种，播种应在当地日最高气温达到 20℃后进行，在甘肃张掖地区一般在 6 月中旬进行。

（二）播前准备

选用沙质土壤或沙地。如果建植地点无此条件，可将土地表层 10cm 以沙子和土壤按 1∶1 混合均匀。播种前应先对土地进行杂草、杂物的清理，并进行深耕平整、施用基肥、病害杂草防治、灌水等处理。

（三）播种量

播种量 7.13g/m^2（种子用价 100%）。由于种子轻，所以需将种子与沙子按照 1∶6 的比例混合，于晴天无风环境下人工撒播于地表。将待播的种子平均分为 3 份，分次均匀撒播，覆沙 1cm。播种后适度镇压，及时喷灌，保持湿润至出苗。

（四）铺设无纺布

播种后铺设草坪专用无纺布，有利于土壤水分的保持，并可减少灌溉对种子或苗床的冲刷，同时具有保温和促进种子萌发的作用。当均匀出苗或完全出苗后（一般为出苗 20d 后），可揭去无纺布。

（五）灌水

清晨或黄昏用喷灌浇水，应防止灌溉时冲刷种子和沙子，出苗前灌水不宜过多，保持土壤湿润即可，以防土壤板结影响出苗。成坪前隔 3～4d 灌水一次，成坪后隔 20d 灌水一次。

（六）施肥

腾格里无芒隐子草对肥料需求少，秋季施肥可延长青绿期，施肥要均匀，施后立即浇水，防止烧苗。施肥以基肥为主，以氮肥和磷肥为辅，每年春、秋各施肥一次（$20g/m^2$，N∶P∶K=1∶1∶1）。

（七）苗期管理

苗期及时清除杂草，未正常成坪的小区，应及时进行补栽。在苗高达到 6～8cm 时进行修剪，留茬高度 4～5cm，直至完全覆盖成坪。

四、种子生产技术

（一）播种时间和播前准备

参照草坪建植技术。

（二）种植密度

腾格里无芒隐子草种子生产最适宜的密度为 30 株/m^2，在此密度下，大田试验 6 年实际种子产量的平均值为 499kg/hm^2。

（三）灌溉

采用漫灌和滴灌均可，在甘肃民勤采用 2 种方式在生育期灌溉 6 次时，种子产量达到最高，采用滴灌可节约 25% 灌溉用水，且种子产量未见下降。

（四）施肥

施氮对腾格里无芒隐子草的实际种子产量影响显著。在春季施氮 100kg/hm^2 种子产量达最大，为 1 217.4kg/hm^2；其次为春秋分施，春季施氮 75kg/hm^2＋秋季施氮 75kg/hm^2 时，实际种子产量达到 1 125.1kg/hm^2。

（五）植物生长调节剂

施用萘乙酸（1-naphthylacetic acid）和赤霉素（gibberellin）可显著提高腾格里无芒隐子草小穗数/生殖枝和单位面积种子数，进而提高种子产量；油菜素内酯（brassinolide）可显著提高种子数/小穗。使用萘乙酸 20g/hm^2 时，种子产量最高可达 1 098kg/hm^2。

（六）种子形成和结实特点

腾格里无芒隐子草在拔节期生殖枝基部叶鞘内即分化出隐藏小穗，生长季节不断分化出生殖枝并陆续成熟，有性繁殖过程一直持续到生长季结束；在拔节期末期顶穗开始形成，抽穗期顶穗开始暴露于植株顶部。顶穗种子产量和叶鞘种子产量分别占总产量的 17.1％和 82.9％。隐藏在叶鞘小穗的结实率高达 99.8％，而顶穗结实率仅为 47.7％。叶鞘种子的千粒重和发芽率分别为0.32g和96.28％，是顶穗种子千粒重和发芽率的1.68倍和5.84倍，叶鞘种子的活力明显优于顶穗种子的活力。

腾格里无芒隐子草单株

腾格里无芒隐子草用于固沙

腾格里无芒隐子草种子生产

腾格里无芒隐子草草坪建植

30. 华南铺地锦竹草

华南铺地锦竹草（*Callisia repens* Jacq. L.‘Huanan’）是2005年采集于广州市屋顶，经扩繁后选育而成的野生栽培品种。由华南农业大学和广州市黄谷环保科技有限公司于2015年8月19日登记，登记号为496。该品种具有耐高温、干旱、瘠薄、浅根系的特征，其生长迅速，覆盖快，根系穿透力较弱，重量轻，绿色期长，特别适合在华南地区作为屋顶绿化植物推广使用。

一、品种介绍

鸭跖草科铺地锦竹草属多年生肉质草本植物。节处生根，叶卵形，长1～3cm、宽约1cm，薄肉质，抱茎；叶缘及叶鞘基部带有紫色，有细短白绒毛。花腋生于上部叶片，蝎尾状聚伞花序，花序成对（有时单生），无梗，萼片绿色，线状长圆形，3～4mm，边缘干膜质。3枚小白色花瓣，披针形，3～6mm。种子细小，难以收获。

喜生于屋檐、路旁、疏林溪边等地。靠营养体繁殖，匍匐性好，生长迅速，耐高温，耐干旱，根系浅，耐瘠薄。该品种源自热带美洲，适宜在亚热带、热带地区做屋顶、天台绿化，也可用于室内吊盆观赏。

二、适宜区域

适宜在我国长江以南地区种植，适应性强，在全日照处和遮荫处均可生长。

三、草坪建植技术

主要采用营养体繁殖法，在华南地区全年都可进行。每一茎节处都极易生根，种植时使用撒植法、扦插法或草皮移植铺设法均可。

建植屋顶草坪时，先铺设 3cm 厚的基质，在 4—6 月雨季采用撒植法种植，将草茎切割成 5cm 左右的茎段，按 1∶10 面积扩繁撒茎，然后覆土 1cm，滚压平整即可。旱季种植屋顶草坪常采用草皮直接铺设方式，如采用撒植法，在定植期需考虑荫棚遮阳与灌水保证。也可采用分株扦插法种植，这种方式成活率高，但功效慢。方法是将植株连根带茎拔出，进行分株或断茎栽植，茎段长 5～8cm，每丛 3～5 株，或按 15cm×15cm 的株行距，打穴栽植，要求茎段一半入土。采用上述种植方式一般一个月可成坪，形成景观。需要注意的是栽植时要浇透水，定植后粗放栽培管理也生长良好。该品种植株肉质，过度践踏会引起脱水死亡。

该品种用于一般园林绿化，由于土层深厚，采用撒植法、扦插法或草皮移植铺设法均易成活。

四、养护管理

（一）灌溉

种植后浇 2 次透水（即栽植后的第 1 次，再过 5～7d 进行第 2 次浇水），之后正常养护管理。早春若遇干旱，则需多浇几次透水，以利于植株分蘖生长及出苗。开花期应适当控制湿度，防止顶端簇生花朵谢后溃烂。夏季长时间持续高温干旱时要进行灌溉，有喷灌条件的可通过喷灌增加湿度，使叶面更加嫩绿。对屋顶草坪来说，定植后在华南地区雨季可不再考虑人工浇水，仅在秋冬旱季持续干旱超过三周时才灌水。

（二）施肥

春秋季栽植后 15d，结合中耕除草或促使植株分蘖，用 1%复合肥液浇施 1 次，可使其生长更为茂盛。若肥力不足，根据缺肥症状，再追施一次液肥即可。生长旺盛期应控制施肥量，以防叶部徒长。冬季来临之前要合理施肥，以提高草坪草的抗寒性。对屋顶草坪来说，只要基质有机质含量高，生长季节可不再考虑施肥，新发的枝条和植株主要靠老枝条的枯死及分解来提供养分，维持生长。

（三）摘心

摘心即去掉顶端生长点，有利于促进分蘖，提高成坪速度，并可防治植株枯萎，因该品种开花后易萎蔫枯死，所以在株高 20cm 时开始摘心。摘心时应干净利落，减少伤口面积，以免影响植株生长。

（四）修剪

在冬季时，华南铺地锦竹草有些枝茎会黄化枯萎，所以必须施以强剪，将地上 2～3cm 全部剪除，让植株自基部再长出新枝条，以促进枝条的新陈代谢。

（五）杂草和病虫害防治

春末夏初种植时，初期因竞争力弱，杂草危害比较严重，在栽种 15d 后采用人工除草。本品种不耐踩踏，需注意防止踩伤。病虫害少，生长期偶有斜纹野螟危害，可采用喷施杀螟松等触杀性强的杀虫剂防治。苗圃繁殖时有蚜虫发生，可用敌百虫防治。雨季应及时清除凋谢花朵及枯枝落叶，并用 1∶150 波尔多液喷施 2 次，防止灰霉病侵染，如果发病，可喷施代森锌或百菌清药液杀灭。

五、生产利用

华南铺地锦竹草在全日照和遮荫下均可生长，长势强健，适应性强，适宜推广到长江流域以南的温暖地带，特别适合在华南地区生长。在屋顶绿化方面，对屋面的隔热、绿化、防灾等起有效作用，可增加城市的绿化率。另外，其具有较强的耐荫能力，在半阴、湿度较大的环境下生长良好，可作为林下、城市高架桥梁下优良的耐荫植物。圆润的叶形，翠绿的叶色，将其用于盆栽悬吊或放置于室内窗台、几架上，是良好的室内观赏植物。

华南铺地锦竹草花序

华南铺地锦竹草茎叶

华南铺地锦竹草根系

华南铺地锦竹草用于屋顶绿化

31. 闽育1号小叶萍

闽育1号小叶萍（*Azolla microphylla* Kaulf. 'Minyu No. 1'）是以小叶萍为母本，细绿萍为父本，通过有性杂交育种选育而成的品种。由福建省农业科学院农业生态研究所于2015年8月19日登记，登记号为498。本品种繁殖快，产量高，年产鲜萍700t/hm^{2}以上。

一、品种介绍

植株多边形，平面浮生或斜立浮生于水面，萍体大小为10mm×20mm，背叶长椭圆形，背叶表面突起细短，腹叶白或绿。

在0～40℃均可生存，气温5℃开始生长，气温35℃以下可以正常生长，适宜生长温度10～30℃。可在0.6%的盐浓度下生长，以侧枝断裂形式进行无性繁殖。在福州地区一年可生长260d左右。

二、适宜区域

可在全国各地种植，尤其是温暖湿润的多水地区。

三、栽培技术

（一）选地

水生植物，因此必须种植在水田及水池中，选择有水源的水田或水池进行放养。

（二）土地整理

放养闽育 1 号小叶萍的水田四周田埂必须加固，避免漏水，田埂高 20～30cm；水池放养时，池深最好为 50～100cm。

（三）播种技术

1. 播种期

一年四季均可播种，适宜生长温度 10～30℃。

2. 播种量

放萍量为每公顷 2 500～5 000kg。

3. 播种方式

无性繁殖，撒播在水面上即可。

（四）水肥管理

亩施过磷酸钙 10～12.5kg，氯化钾或硫酸钾 2～3kg。

（五）病虫杂草防控

小叶萍的害虫主要有萍摇蚊（萍丝虫）、萍螟、萍灰螟等，几天之内就能引起大面积死亡，如发生要注意及时防治。萍摇蚊可用茶枯饼施入水中进行防治。

四、生产利用

整个生长期均可利用，营养价值高。

可青饲或青贮利用，主要作为鱼、牛、猪、鸡、鸭、鹅等动物的青饲料。

闽育 1 号小叶萍主要营养成分表（以干物质计）

收获期	CP（%）	EE（g/kg）	CF（%）	NDF（%）	ADF（%）	CA（%）
营养生长期	26.27	16.0	11.2	50.32	36.86	13.6

注：CP：粗蛋白，EE：粗脂肪，CF：粗纤维，NDF：中性洗涤纤维，ADF：酸性洗涤纤维，CA：粗灰分。

闽育 1 号小叶萍单株

闽育 1 号小叶萍群体

32. 川西庭菖蒲

川西庭菖蒲（*Sisyrinchium rosulatum* Bickn. 'Chuanxi'）是以野生庭菖蒲为原始群体，采用自然选择和人工选择相结合的方法，经过采挖种蔸种植、选优定株扩繁、多年驯化选育而成的观赏草坪型地被野生栽培品种。由四川省草原工作总站2016年7月21日登记，登记号为509。该品种喜湿，较耐寒，成坪快，是低洼、林下优良的草坪型地被品种。

一、品种介绍

鸢尾科庭菖蒲属一年或越年生宿根莲座丛状草本。须根系，黄白色，多分枝。茎秆纤细，高20～25cm，中下部有少数分枝，茎节常呈膝状弯曲，沿茎的两侧生有狭翅。株型掌状扁平。叶互生，狭条形，长6～9cm，宽2～3mm，基部鞘抱茎，顶端渐尖，无明显的中脉。花序顶生。苞片5～7枚，外侧2枚，狭披针形，边缘膜质，绿色，长2～2.5cm，内侧3～5枚膜质，无色透明，内包含有4～6朵花。花淡紫色，喉部黄色，直径 0.8～1cm。花梗丝状，长约 2.5cm。花被管甚短，有纤毛，内、外花被裂片同形，等大，2 轮排列，倒卵形至倒披针形，长约 1.2cm，宽约 4mm，顶端突尖，白色，有浅紫色的条纹，外展，爪部楔形，鲜黄色，并有浓紫色的斑纹。雄蕊 3，花丝上部分离，下部合成管状，包住花柱，外围有大量的腺毛，花药鲜黄色。花柱丝状，上部 3 裂，子房圆球形，绿色，生有纤毛。蒴果球形，直径 2.5～4mm，黄褐色或棕褐色，成熟时背开裂。种子多数，黑褐色，千粒重 0.24g 左右。

喜湿性强，特别是低洼湿地长势更佳。种子成熟后植株出现枯黄，枯黄期 40d 左右。耐寒性较强，在四川冬季植株不枯黄。若遇霜打，只有叶尖上发黄，整个植株仍保持鲜绿。种子结实率高，易于繁种。春季 3 月中下旬播种，4 月上旬出苗，6 月开花，7 月中下旬成熟，生育天数 100d 左右，8 月中下旬开始返青。若秋季播种（9 月），20d 左右出苗，之后处于营养生长状态，持续到翌年 3 月进入生殖生长，4 月初开花，花期 50 多天，6 月初成熟，6 月中下旬枯黄，生育天数达到 250d 左右，随后 7 月底 8 月初返青。

二、适宜区域

适宜西南地区海拔 2 000m 以下、降水量 1 000mm 以上及长江中下游地区低洼湿地的环境美化和景观建设。

三、草坪地被建植技术

（一）选地

该品种喜湿润，不怕涝，低洼地、池塘边、湿地边均可栽培。大面积种植时应选择较开阔平整的地块，以便机械作业。种子生产时，选择较平整的地块，便于草坪机收种子。

（二）土地整理

种子很小，播前应精细整地，坪床整平整细。播种前清除地表残茬、杂草、杂物，耕翻、平整土地。杂草严重时可采用除草剂处理后再翻耕。

（三）播种技术

1. 播种期

一年四季均可播种，但以春播（3月中下旬）或秋播（9月）最好。

2. 播种量

播种量 50kg/hm^2。播种后覆土 1～2cm 为宜。

3. 播种方式

可撒播，也可分株移栽，成活率高。

（四）水肥管理

坪床保持湿润，利于成坪。生长期间少量施肥。

（五）病虫杂草防控

在建植初期和返青前需及时除杂，以提高成坪速度，旺盛生长期杂草较少。在高温高湿的条件下，较易发生白绢病。虫害方面，有较强的抗性。

四、生产利用

川西庭菖蒲为宿根型观赏草坪草，可用于低洼、湿地边缘、林下环境美化和景观建设，有 30～60d 的观赏期，花淡紫色花，似繁星镶嵌在草丛中整齐而美观。自我繁殖更新能力强，播种一次，可利用多年。养护成本较低，草层高度在 20cm 以下，一般不用修剪。

种子产量高，春季播种，当年就可以收到种子。一般采用剪草机修剪收割，既可除去残茬，又可收获种子，大大降低收获成本。蒴果在及时翻晒晾干后，种球自动裂开，露出种子，种植翌年可收 500kg/hm^2。种子休眠期短，条件适宜即可发芽。种子在收获后 30～50d 草坪即可自我更新，呈现新绿。

川西庭菖蒲单株

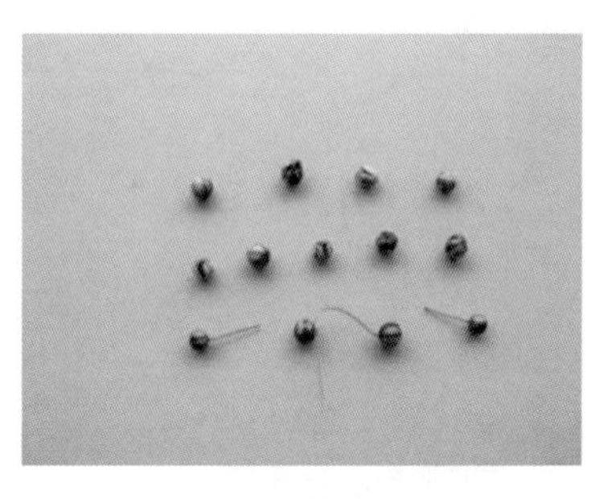

川西庭菖蒲球果

川西庭菖蒲花期

川西庭菖蒲盛花期